次生林碳汇与生物多样性提升技术

姜春前　白彦锋　孟京辉 等　著

中国农业出版社
农村读物出版社
北　京

图书在版编目（CIP）数据

次生林碳汇与生物多样性提升技术 / 姜春前等著. —北京：中国农业出版社，2022.9
ISBN 978-7-109-29904-7

Ⅰ.①次… Ⅱ.①姜… Ⅲ.①次生林—二氧化碳—资源管理—研究—中国②次生林—生物多样性—研究—中国 Ⅳ.①S718.54

中国版本图书馆 CIP 数据核字（2022）第 156696 号

中国农业出版社出版
地址：北京市朝阳区麦子店街 18 号楼
邮编：100125
责任编辑：赵　刚
版式设计：杜　然　　责任校对：刘丽香
印刷：北京大汉方圆数字文化传媒有限公司
版次：2022 年 9 月第 1 版
印次：2022 年 9 月北京第 1 次印刷
发行：新华书店北京发行所
开本：720mm×960mm　1/16
印张：10.5
字数：180 千字
定价：68.00 元

本书著者

姜春前　白彦锋　孟京辉

王　辉　刘　恩

前　言

森林是陆地生态系统的主要组成部分，也是最复杂的生态系统，具有重要的经济价值、社会价值和生态价值，为人类的生存和发展提供了基本的物质条件和发展基础。但是，森林持续地提供这种服务依赖于稳定的林分结构和合理的物种多样性。经济迅猛发展所伴随的化石燃料消耗剧增，毁林开荒、无计划采伐等人为活动对森林的破坏，导致生物多样性降低、物种损失、生态系统稳定性下降等一系列负面影响，严重威胁到森林生态系统生态功能的正常发挥。

气候变化给人类生存和发展带来了严峻挑战。森林植被在区域内甚至全球的生态平衡中起到至关重要的作用。作为陆地生态系统主体，森林生态系统每年固定的碳约占整个陆地生态系统固碳的2/3，在解决全球气候变暖问题上扮演着重要角色。因此，全球范围都在积极利用森林活动来应对和减缓气候变化对人类生存和发展的影响。中国人口众多、气候条件复杂、生态环境整体脆弱，是全球气候变化敏感区之一，也是受气候变化负面影响最严重的地区之一。森林碳汇已然成为中国积极应对与减缓气候变暖影响的重要战略。大量研究表明，中国森林生态系统所具有的固碳潜力巨大，提高森林固碳能力成为实现经济社会发展与保护环境的重大战略举措。

森林退化已成为21世纪全球主要生态问题之一，同样直接或间接威胁中国经济和社会的发展。由于人类没有计划的森林活动，原始森林的面积在中国大幅削减，次生林所占比重不断提升。次生林已成为我国森林资源的重要组成部分，由于其结构比人工林更加复杂，因此，森林群落更加稳定，生态价值也更高。其中，生物多样性和碳汇是其重要的生态功能。关于两者的关系，一般认为森林生物多样性的增加能够提高其碳汇能力，然而，两者之间具体的量化关系仍然需要进一步研究。

湘西地区是我国生物多样性保护重要区域之一，次生林面积较大，其中主要以马尾松和常绿阔叶林为主。但是由于历史原因，该区域次生林普遍缺乏较好的经营，低质低效林面积占比较大，生物多样性和碳汇能力低下，远未达到该区域次生林应有的标准。在该区域开展生物多样性和碳汇提升技术的研究，可以研发出适合该区域的有效技术，提升林分质量，同时提高森林生物多样性和碳汇能力。

本书在湘西选择典型的马尾松次生林和常绿阔叶次生林为研究对象，通过长期定位观测和野外试验，分析了不同人工促进天然更新的措施对马尾松和常绿阔叶林物种多样性和固碳能力的影响。在湖南慈利和会同开展了马尾松和常绿阔叶天然次生林生物多样性和碳汇提升技术的研究。第一章和第二章介绍了研究背景和研究区概况；第三、四、五章介绍了次生林的种间连接性、采伐和林窗对生物多样性的影响；第六、七章介绍了湘西地区主要常绿阔叶树青冈林下木本植物主要生态策略和间伐对青冈林土壤活性有机碳的影响；第八章介绍了基于森林功能分区的经营小班划分；第九章介绍了固碳能力提升的森林结构调控技术；第十章和第十一章介绍了森林生物多样性和固碳的关系；第十二章介绍了生物多样性保育和固碳能力提升的量化经营技术，将多样性和碳汇的研究最终落地，成为一项可以量化的森林经营技术。

本书得到“十三五”国家重点研发计划“湘西丘陵山地次生林生物多样性保育和碳汇提升技术研究与示范”（2017YFC0505604）的资助。

在本书编写过程中，课题组研究生陈仕友、齐梦娟、石朔蓉、王书韧，博士后陈婕；北京林业大学研究生刘紫薇、王文文、杜雪、王建军等提供了大量资料，在野外付出辛勤劳动，在此深表感谢。

目　录

第1章 研究背景

森林是陆地生态系统的主体，其碳储存功能及其变化直接影响大气中的碳交换。森林可以在减少温室气体排放、稳定大气 CO_2 浓度的措施中扮演重要的角色，《京都议定书》框架下的土地利用、土地利用变化和林业相关条款中，充分认可森林碳汇在应对气候变化中的作用。对森林碳储量的研究大多是建立在生物量的基础上的。森林生物量代表着森林生态系统最基本的数量特征，是研究林业和生态方面的基础，是森林资源监测中的一项重要内容。在生态系统功能与结构的研究中，测定生物量成为一项不可或缺的基础工作。测定森林生物量可以计量森林生产力，进而了解森林利用自然资源的潜力，更好地认识森林生态系统的物质循环。

生物多样性是人类赖以生存和发展的物质基础（马克平，1995），它通过影响生态系统的结构、动态进而影响生态系统功能和服务的发挥。维持和保护生物多样性对维持生态系统服务有主导功能（郭文月，2019）。物种多样性是生物多样性中重要的一部分，它反映了生态系统内物种组成和复杂程度（郭屹立，2010）。一般来说，物种多样性的高低对群落抵抗力和恢复力的高低有正面影响（姚天华等，2016）。研究植物群落的物种多样性有助于深入了解群落组成和结构，预测其发展动态和演替趋势，还可作为判断生物群落结构变化或生态系统稳定性的指标（McGill et al.，2006；Cornwell & Ackerly，2009）。

采伐是营林中实现密度控制的主要手段，包括皆伐、择伐、渐伐等（沈国舫，2001）。通过采伐可以调控林分的物种多样性。无论何种采伐模式，对于生态系统来说都是一种干扰方式（田生等，2008），而干扰作为影响群落结构和森林演替的重要因素，必定对生态系统产生影响（张小鹏等，2016；牛莉芹，2019）。大部分研究表明，采伐对于林下植被物种多样性的增加有积极的影响。植被多样性对于采伐的响应受林分状况、立地条件、研究时长等原因未见统一结论。多数研究表明，植被在受到干扰后的变化受时间限制，多趋势呈单峰曲线，即在相对短的时间内变化程度更大（Sayer MAS et al.，2004；尤文忠等，2015；汤景明等，2018），这可能是与林冠郁闭时间有关。石君杰等人（2019）对杨、桦次生林进行伐除处理，发现林冠层 3 年中恢复速度快，3 年后速度逐渐降低。不同林分对于干扰反映周期不一样，结合短期与长期的结果评定营林效果更为科学（李瑞霞等，2012；Lindgren et al.，2013），短期响应亦不能忽视。短期内林分对于营林措施的响应，虽不能全面反映营林效果，但能在一定程度上预测林分演替趋势，且由于干扰中林分动态变化复杂多样，短期响应在生态系统过程机制的研究上发挥着不可忽视的作用（王凯等，2013；de Groot et al.，2016）。

天然林具有涵养水源、保持水土、生物多样性保护等重要的生态系统服务价值，是社会经济发展的重要保障（Liu J et al.，2008）。天然次生林是在原始林遭破坏后，植被层经过一系列群落演替过程后形成的森林。我国天然次生林分布较广，天然次生林面积占天然林面积的一半以上，已经成为森林资源的主体（何波祥等，2008；黄龙生等，2015；朱教君，2002）。然而，由于过去的粗放管理与不合理利用，许多天然林遭到不同程度的破坏，特别是在南方地区，原生林已不多见，所见多为不同演替阶段的次生林（盛炜彤，2016）。目前，许多次生林被划为生态公益林，存在林分密度偏大、群落结构单一、林下植被发育差等问题（兰长春等，2008；赵娜，2014）。

亚热带常绿阔叶林是我国分布面积最广、最典型的森林植被类型，其在生物多样性保育、生态系统服务功能及社会经济效益等方面都发挥着重要作用。本研究以湘西地区天心阁林场马尾松次生林及青冈栎次生林为研究对象，探究其植被多样性在疏伐中的变化规律，为解释该地区群落组成、生态系统功能等提供理论基础，研发物种多样性保育的技术，为提升亚热带地区次生林的物种多样性提供科学依据。

生产力或固碳能力和物种多样性是生态系统的两个基本服务功能（Whittaker，2010），生态学研究中对二者之间的关系关注得比较多（Gillman and Wright，2006）。然而，尽管有大量的研究探讨了两者的关系，但却得到了四种不同的结果：正相关、负相关、不相关和非线性相关（郭梦昭等，2019）。因此，有生态学家指出，“生态学上没有其他两个变量能像生产力和多样性这样被给予如此多的讨论”（Grace et al.，2014），但碳与生物多样性双赢的局面是有可能出现的（Huston and Marland，2003）。

森林作为陆地生态系统最大的碳库和碳源，在维持碳平衡和全球气候稳定方面发挥着重要作用。系统功能认为结构决定功能。因此，森林结构决定了森林生态系统的功能。森林固碳功能和生物多样双赢的目标势必对应一定的森林结构。森林结构多样性能够较为全面地反映森林结构，其包括森林生物多样性、林木大小多样性以及林木空间多样性（Staudhammer and LeMay，2001）。森林结构多样性可以通过森林经营活动（如间伐）进行调整。因此，在明确森林结构多样性与碳汇量化关系的基础上，就可以合理制定森林经营措施，调整森林结构多样性，使得森林碳汇能力最大化。

第2章　研究区概况

本研究主要研究区域拟定在：①湖南省慈利县二坊坪乡天心阁林场（图2-1）选取马尾松次生林（近熟林和成熟林）和天然阔叶次生林；②位于会同县的湖南鹰嘴界国家级自然保护区实验区（图2-1）选取天然常绿阔叶林；③湖南会同森林生态系统国家野外科学观测研究站选取近70年生的天然阔叶林为主要研究对象。

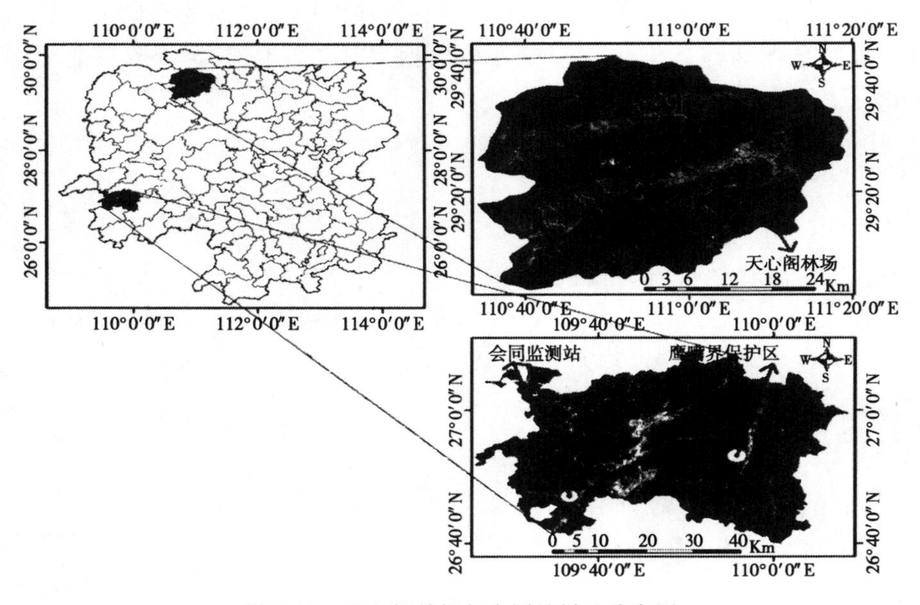

图2-1　天心阁林场与会同站样地分布图

天心阁林场（东经111°10′26″～111°11′57″，北纬29°13′16″～29°14′31″）位于慈利、桃源两县交界处的二坊坪乡境内。地形以丘陵为主，分散于黄石水库中，林地面积近200hm²，水面1 300多公顷。成土母岩为板页岩，土壤为红壤，林地土壤有机质含量较高，土层较薄，pH 4.4～5.0，立地条件中等。林场地处中亚热带季风湿润气候区，气候温和，雨量充沛，光照充足。年平均气温为18.2℃，极端低温－15.5℃，极端高温41.6℃，年日照时数1 482.8h，无霜期302d，年降水量1 615.1mm，相对湿度75.8%（表2－1）。

表2－1　样地基本情况

森林类型	平均胸径（cm）	平均树高（m）	海拔（m）	土壤类型	pH	郁闭度	主要植物
马尾松次生林	12.6	12.3	84～110	红壤	4.45～4.73	0.8～0.9	马尾松、苦槠、麻栎、檵木、铁仔、海桐等
青冈次生林	8.4	10.3	100～110	红壤	4.67～5.20	0.9	青冈、蕨、兰花草等

会同站（东经109°30′，北纬26°45′）始建于1960年，隶属于中国科学院沈阳应用生态研究所，位于湖南省西南部的会同县广坪林区。该区属典型的亚热带湿润气候区。年均温16.5℃，7月均温27.5℃，1月均温4.5℃，极端高温37.5℃，极端低温－4.4℃。年均降水量1 200～1 400mm。降水量在年内分配不匀，一般在4、5、6月集中，而8、9月较干旱。年蒸发量1 100～1 300mm，全年生长期在300d以上。主要为常绿阔叶人工纯林及混交林，面积为100hm^2。土壤为山地丘陵红黄壤，地带性植被类型为典型的亚热带常绿阔叶林，自然植被主要以多种槠、栲和石栎属为主，受多年来不断增长的人类活动的影响，研究站多杉木人工林和以马尾松（*Pinus massoniana* Lamb.）为主的针阔混交林，或以白栎（*Quercus fabri*）、枫香（*Liquedabar formosana*）为主的次生落叶阔叶混交林。

第 3 章　次生林群落种间联结性特征

森林群落形成并非物种的偶然聚集，而是物种与群落之间相互选择、物种之间经过长期适应和相互选择的结果，正是物种之间、物种与环境之间相互关系的存在使得群落不同的物种能够很好地共存。种间联结是不同物种在空间分布上的相互关联性，是对物种在不同生境中相互作用、相互影响所形成的有机联系的反映（Greig - Smith，1983；王乃江，2010）。它是植物群落重要的数量和结构指标之一，是群落形成、演替的重要基础，也是种间关系的一种表现形式。种间联结可分为正联结、负联结、无联结（张金屯，2004），呈现显著正联结的树种对往往有着相似的生态特性，并能很好地共存。相反，负联结反映了树种在不同的生境需求以及其在资源匮乏的环境条件下的种间竞争。无联结则反映树种相对独立的存在，一方的存在对另一方几乎不存在任何影响。种间联结通过确定物种间的种间关系，反映物种在群落中的分布及其对环境的适应程度，进而对特定环境下种群水平空间配置和分布状态做出定量描述。这种描述不仅包括空间分布关系，同时也隐藏着物种间的功能关系（徐满厚等，2016；邓贤兰，2003）。因此，测定和界定植物种间联结性与相关性对正确认识植物群落的结构、功能和分类具有极其重要的理论意义，并能为森林经营中混交树种的选择和配置提供科学依据（刘紫薇，2020）。

3.1　研究方法

以湖南会同生态站的天然次生常绿阔叶林为研究对象。该林分未受到明显的干扰，总面积为 2 500m^2。依据相邻网格法将样地划分为 25 块 10m×10m 的小样方，对调查样方内所有树高大于 1.3m 的乔木树种进行每木检尺，记录其树种名称、树高、胸径等，采用树木胸径大小代替年龄大小的方法，将乔木层DBH（指胸径）＜5.0cm的林木划分为幼树（S），DBH≥5.0cm的林木划分为成树（U）。幼树和成树及树种之间进行相应的组合，生成不同的种对。

采用重要值对样地内各树种优势程度进行度量；采用方差比率法检验近原始林的总体联结性，并用统计量W来检验联结的显著度。此外，我们还测定了优势树种的幼树与成树种对间的种内和种间联结：根据2×2列联表的χ^2统计量测定联结性，并采用Yates的连续校正系数来纠正；采用种间联结系数AC和Dice指数来进一步检验χ^2所测得的结果并解释种间联结程度；采用基于优势树种多度数据的非参数Spearman秩相关检验，以弥补χ^2检验的不足，更为准确地量化种内和种间的关联程度。

1. 重要值

采用重要值对样地内各树种优势程度进行度量。

$$IV=(Rfr+Rde+Rdo)/3$$

2. 总体联结性检验

采用方差比率法来检验多物种间的总体联结性，并用统计量W来检验关联的显著度。

$$VR=\frac{S_r^2}{Q_r^2}=\frac{\frac{1}{N}\sum_{j=1}^{N}(T_j-t)^2}{\sum_{i=1}^{s}\frac{n_i}{N}\left(1-\frac{n_i}{N}\right)}$$

其中，S为总的物种数，N为样方总数，T_j为样方j内出现的物种数，n_i为物种i出现的样方数，t为样方中种的平均数

3. 种对间关联分析

（1）χ^2检验

根据2×2列联表的χ^2统计量测定种对间的联结性，采用Yates的连续校正系数来纠正：

$$\chi^2=\frac{N(|ad-bc|-N/2)^2}{(a+b)(c+d)(a+c)(b+d)}$$

（2）联结系数和匹配系数

采用种间联结系数AC和Dice指数来进一步检验χ^2所测得的结果并解释种间联结程度。联结系数AC的计算公式为：

$$AC=\frac{ad-bc}{(a+b)(b+d)}(ad\geqslant bc)$$

$$AC=\frac{ad-bc}{(a+b)(a+c)}(ad<bc，d\geqslant a)$$

$$AC=\frac{ad-bc}{(b+d)(c+d)}(ad<bc，d<a)$$

Dice 指数（DI）的计算公式为：

$$DI=\frac{2a}{2a+b+c}$$

4. 种间相关系数

研究采用优势树种的多度作为数量指标，进行 Spearman 秩相关分析：

$$r_s(i，j)=1-\frac{6\sum_{k-1}^{n}d_k^2}{N^3-N}$$

式中，$r_s(i，j)$ 为 Spearman 秩相关系数，N 为样方总数，$d_k=(x_{ik}-x_{jk})$，x_{ik} 为种 i 在样方 k 中的秩，x_{jk} 为种 j 在样方 k 中的秩。

3.2 湘西次生林主要树种生长模型及生物量模型构建

总体联结指数表明常绿阔叶林总体呈显著正相关，群落正处于稳定的发展状态。χ^2 检验表明 171 个种对中，正负联结总对数分别为 79 对和 92 对，正负关联比为 0.86，其中显著和极显著相关种对数占总数的 4.8%，种对间独立性较强；χ^2 检验有显著联结性的种对，联结系数 AC、Dice 指数测定结果与其保持基本一致；Spearman 秩相关分析与 χ^2 检验结果基本吻合，χ^2 检验达到显著及极显著水平的种对经 Spearman 秩相关分析基本都达到了显著水平，正负联结总对数分别为 77 对和 93 对，正负关联比为 0.83，其中显著与极显著种对数占总数的 13.5%，灵敏度高于 χ^2 检验。

3.2.1 χ^2 检验结果分析

采用 χ^2 检验测定树种间的种间联结，结果如图 3－1 所示，近原始天然阔叶林优势树种的171个种对中，呈正关联的种对数为80对，呈负关联的种对数为91对，分别占总对数的46.78%、53.22%。其中极显著正相关的种对有3对，分别为山乌桕（U）—黄杞（U）、毛叶木姜子（S）—毛叶木姜子（U）、木油桐（S）—毛叶木姜子（U）；显著正相关的种对有3对，分别为笔罗子（S）—山乌桕（U）、木油桐（S）—木油桐（U）、刨花润楠（S）—黄杞（U）；显著负相关的种对有2对，分别为笔罗子（S）—毛叶木姜子（S）、笔罗子（S）—毛叶木姜子（U）。

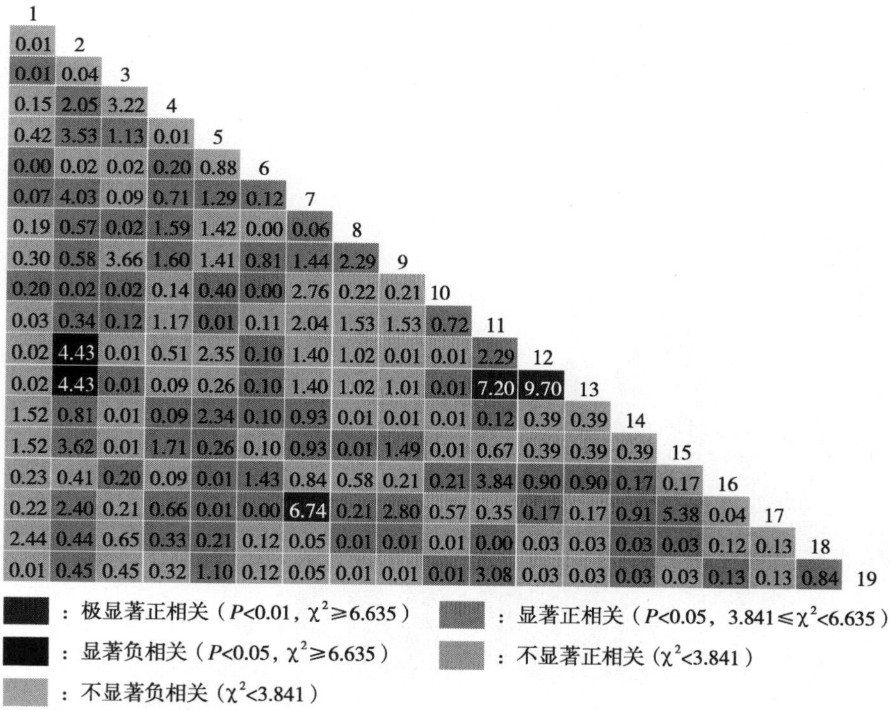

	1	2	3	4	5	6	7	8	9	10	11	12	13	14	15	16	17	18
2	0.01																	
3	0.01	0.04																
4	0.15	2.05	3.22															
5	0.42	3.53	1.13	0.01														
6	0.00	0.02	0.02	0.20	0.88													
7	0.07	4.03	0.09	0.71	1.29	0.12												
8	0.19	0.57	0.02	1.59	1.42	0.00	0.06											
9	0.30	0.58	3.66	1.60	1.41	0.81	1.44	2.29										
10	0.20	0.02	0.02	0.14	0.40	0.00	2.76	0.22	0.21									
11	0.03	0.34	0.12	1.17	0.01	0.11	2.04	1.53	1.53	0.72								
12	0.02	4.43	0.01	0.51	2.35	0.10	1.40	1.02	0.01	0.01	2.29							
13	0.02	4.43	0.01	0.09	0.26	0.10	1.40	1.02	1.01	0.01	7.20	9.70						
14	1.52	0.81	0.01	0.09	2.34	0.10	0.93	0.01	0.01	0.01	0.12	0.39	0.39					
15	1.52	3.62	0.01	1.71	0.26	0.10	0.93	0.01	1.49	0.01	0.67	0.39	0.39	0.39				
16	0.23	0.41	0.20	0.09	0.01	1.43	0.84	0.58	0.21	0.21	3.84	0.90	0.90	0.17	0.17			
17	0.22	2.40	0.21	0.66	0.01	0.00	6.74	0.21	2.80	0.57	0.35	0.17	0.17	0.91	5.38	0.04		
18	2.44	0.44	0.65	0.33	0.21	0.12	0.05	0.01	0.01	0.01	0.00	0.03	0.03	0.03	0.03	0.12	0.13	
19	0.01	0.45	0.45	0.32	1.10	0.12	0.05	0.01	0.01	0.01	3.08	0.03	0.03	0.03	0.03	0.13	0.13	0.84

：极显著正相关（$P<0.01$，$\chi^2 \geq 6.635$）
：显著正相关（$P<0.05$，$3.841 \leq \chi^2 < 6.635$）
：显著负相关（$P<0.05$，$\chi^2 \geq 6.635$）
：不显著正相关（$\chi^2 < 3.841$）
：不显著负相关（$\chi^2 < 3.841$）

注a：1. 栲（U），2. 笔罗子（S），3. 栲（S），4. 刨花润楠（U），5. 笔罗子（U），6. 青冈（U），7. 山乌桕（U），8. 黄杞（S），9. 青冈（S），10. 日本五月茶（S），11. 木油桐（S），12. 毛叶木姜子（S），13. 毛叶木姜子（U），14. 柯（S），15. 刨花润楠（S），16. 木油桐（U），17. 黄杞（U），18. 柯（U），19. 日本五月茶（U），下同。

图3-1　会同常绿阔叶林优势树种种间联结 χ^2 半矩阵图

3.2.2 关联系数结果分析，不显著正负相关

联结系数 AC 半矩阵如图 3－2 所示，近原始天然阔叶林优势树种的 171 个种对中，联结系数 $AC \geqslant 0.6$ 的种对数为 16 个，占总对数的 9.4%，这些种对正联结性显著；联结系数 $0.2 \leqslant AC < 0.6$ 的种对数为 43 个，占总对数的 25.1%，这些种对间具有不显著的正联结性；联结系数 $-0.2 < AC < 0.2$ 的种对数为 38 个，占总对数的 22.2%，这些种对间联结松散，趋于无联结；联结系数 $-0.6 < AC \leqslant -0.2$ 的种对数为 28 个，占总对数的 16.4%，这些种对具有不显著的负联结性；联结系数 $AC \leqslant -0.6$ 的种对数为 46 个，占总对数的 26.9%，这些种对具有显著的负联结性。

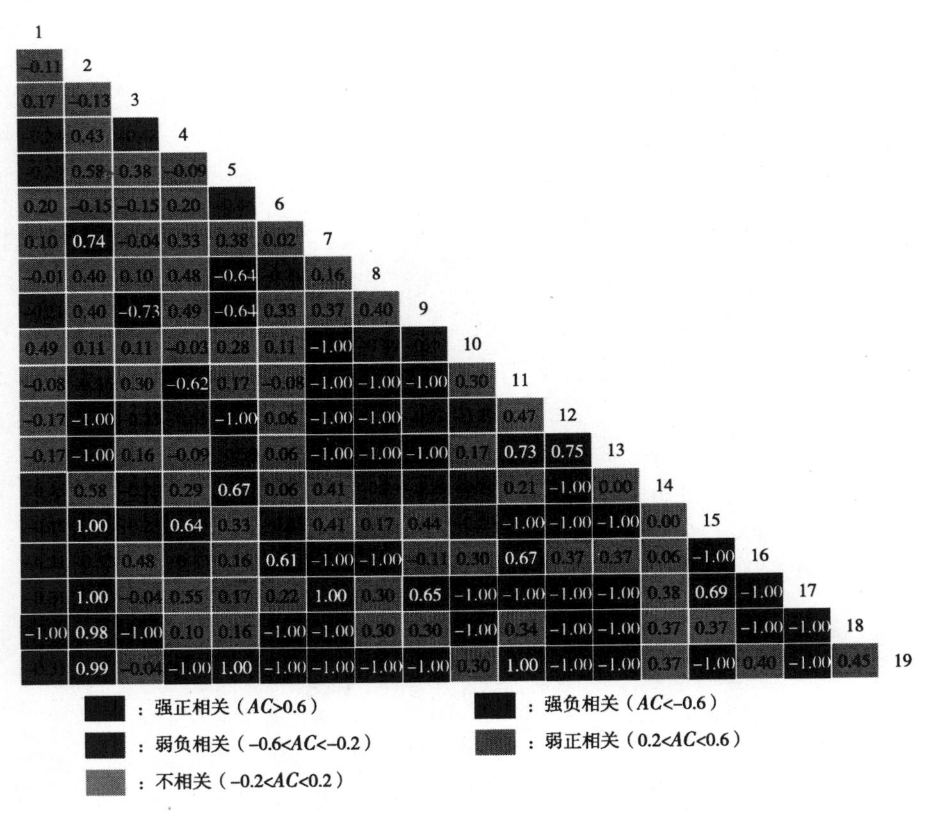

图 3－2　会同常绿阔叶林优势树种种间联结系数 AC 半矩阵图

由 Dice 指数的检验结果可以得出（图 3-3），近原始天然阔叶林优势树种的 171 个种对中，$DI \geq 0.6$ 的种对有 10 对，占总对数的 5.9%，这些种对具有强的联结，分别为栲（S）—栲（U）、笔罗子（S）—刨花润楠（U）、笔罗子（S）—笔罗子（U）、笔罗子（S）—山乌桕（U）、栲（S）—笔罗子（U）、木油桐（S）—毛叶木姜子（U）、木油桐（S）—木油桐（U）、毛叶木姜子（S）—毛叶木姜子（U）、刨花润楠（S）—黄杞（U）、山乌桕（U）—黄杞（U）；$0.4 \leq DI < 0.6$ 的种对有 37 对，占总对数的 21.6%，这些种对具有较强的联结性；$0.2 \leq DI < 0.4$ 的种对有 55 对，占总对数的 32.2%，这些种对具有较弱的联结性；$DI \leq 0.2$ 的种对一共有 69 个，占总对数的 40.3%，这些种对趋于无联结。

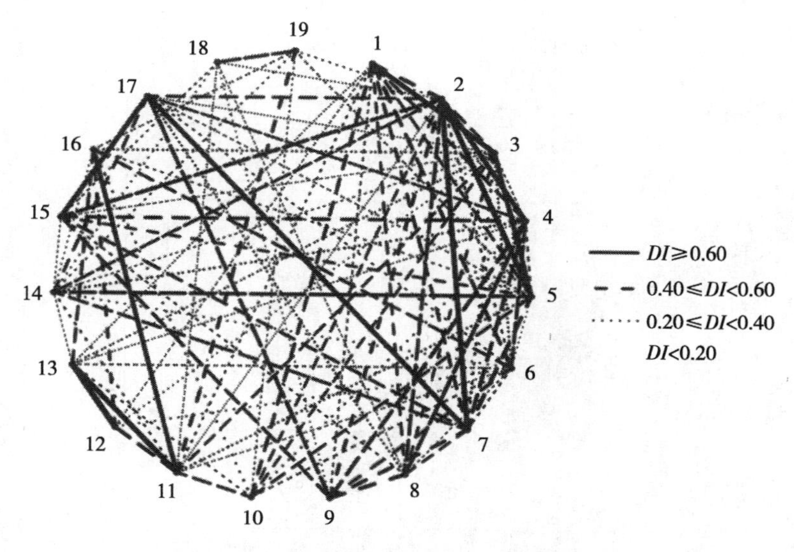

图 3-3　近原始常绿阔叶林优势树种 Dice 指数关系图

3.2.3　种间相关性分析

Spearman 秩相关分析结果（图 3-4）中，呈正相关的种对数为 77 对，呈负相关的种对数为 93 对，无相关的种对数为 1 对，分别占总对数的 45.0%，54.4%，0.6%。其中极显著正相关的有 4 对，分别为木油桐（S）—毛叶木姜子（U）、毛叶木姜子（S）—毛叶木姜子（U）、刨花润楠

(S)—黄杞（U）、山乌桕（U）—黄杞（U）；显著正相关的种对有14对，分别为青冈（S）—黄杞（S）、毛叶木姜子（S）—木油桐（S）、栲（S）—栲（U）、笔罗子（S）—笔罗子（U）、笔罗子（S）—柯（U）、笔罗子（S）—日本五月茶（U）、青冈（S）—刨花润楠（U）、青冈（S）—山乌桕（U）、青冈（S）—黄杞（U）、木油桐（S）—日本五月茶（U）、木油桐（S）—木油桐（U）、刨花润楠（U）—山乌桕（U）、日本五月茶（U）—笔罗子（U）、日本五月茶（U）—柯（U）；显著负相关的种对有5对，分别为笔罗子（S）—毛叶木姜子（S）、栲（S）—青冈（S）、笔罗子（S）—毛叶木姜子（U）、栲（S）—刨花润楠（U）、日本五月茶（S）—山乌桕（U）。

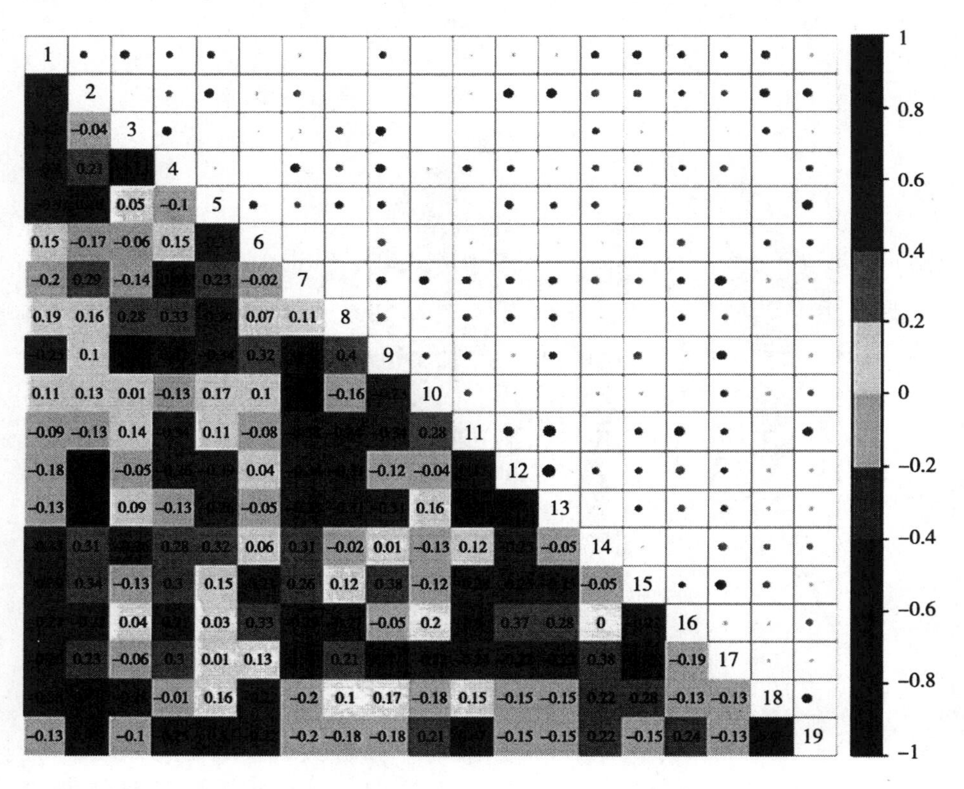

注a：极显著正相关（$r \geq 0.511$，$P \leq 0.01$）；显著正相关（$0.398 \leq r < 0.511$，$P \leq 0.05$）；显著负相关（$r < -0.398$，$P \leq 0.05$）；无关联（$-0.398 \leq r < 0.398$，$P > 0.05$）

图3-4　会同常绿阔叶林优势树种种间Spearman秩相关系数半矩阵图

第4章　次生林物种多样性对疏伐强度的响应

湘西次生林普遍存在密度过大、木材生产力低、林下灌草盖度低、天然更新不良的问题。疏伐一直是次生林经营的重要手段，在森林的生长发育过程中，定期伐除部分林木，为保留木提供更多的营养空间，促进保留木的生长，缩短成熟期，改善森林卫生状况，提高林分质量与生长量，从而增强林木抵抗自然灾害的能力，维持生态系统的平衡和稳定（白雪娇等，2015；Tessier et al.，2003；Turner et al.，2018）。疏伐作为森林经营的主要措施，影响到森林的多个方面，包括林分的生长、结构、总收获量、生物多样性等（徐金良等，2014；成向荣等，2014）。

疏伐后保留木的生长空间和营养空间得到有效改善，林分胸径和树高生长量随间伐强度增大而增加（张水松等，2005）。同时，由于间伐后能增加林下环境异质性，林下空间和光照条件可得到改善，使得灌木和草本种类及盖度增加（马履一等，2007）。欧洲云杉（*Picea abies*）和美国花旗松（*Pseudotsuga menziesii*）间伐试验也表明，间伐后林下物种丰富度和灌草盖度随间伐强度增大而增加（Heinrichs et al.，2009；Ares et al.，2010）；王凯等（2013）的研究也表明林下灌草物种数、盖度和生物量都随间伐强度的增强而增多。郑丽凤等（2008）研究表明，随着间伐强度增大，天然更新幼苗数量增大；张象君等（2011）对林隙间伐的研究也表明，更新幼苗数量和高度也随林隙增大而增大。

疏伐对林下植被影响方面的研究已受到重视，但对生物多样性的长期影响仍缺乏系统研究，结论也不尽相同（雷相东等，2005；李春义等，2007）。疏伐强度过大，不利于林分的生长发育，影响林木个体之间对养分的竞争，使得林木分化现象严重。疏伐强度过低，林木在各径阶上的株数分布更趋于正态分布，为保留木创造了适宜的生长空间。合理的疏伐，对改善林分内部直径结构，提高林分的产量显得至关重要。

4.1 研究方法

1. 样地设置

2018年，对林场内部分马尾松和青冈栎次生林进行了四种强度（强度、中度、轻度和对照）的疏伐试验，作业的方式是培育目标树（为增加优质木材产量，提高森林生产力提供保障），保留生态目标树（对林分结构发展起良好作用的林木），采伐干扰树（病虫木、劣质木和不利于目标树发展的林木），干扰树的地上部分全部清除，无植物残体返还，未伐林地是该试验中的对照组，依据采伐蓄积量与总蓄积量之比对各样地进行疏伐，对应疏伐强度分别为50%、30%、15%、CK。在同一坡度坡向设置样地，以上每个处理各设置3块1 000m^2的样地，共计12块样地。

2. 物种多样性研究

物种多样性计算内容：物种Margalef丰富度指数（R）、Shannon-Wiener指数（H）Simpson指数（P）、Pielou均匀度指数（J）

Margalef丰富度指数：$R=(S-l)/\ln N$

Shannon-Wiener指数：$H=-\sum(N_i/N)\ln(N_i/N)$；

Simpson指数：$P=l-\sum(N_i/N)^2$

Pielou均匀度指数：$J=H/\ln S$

上式中：S代表群落植物种数；N_i代表第i种植物个体数。

重要值：乔木的重要值=[(相对密度+相对优势度+相对频度)/3]×100，灌木的重要值=[(相对密度+相对频度+相对盖度)/3]×100，草本的重要值=[(相对多度+相对频度+相对盖度)/3]×100。

4.2 不同疏伐强度对次生林物种多样性的影响

4.2.1 不同植被类型物种组成和多样性

在马尾松天然次生林中，乔木层植物隶属于9科12属，主要优势树种为马尾松（*Pinus massoniana* Lamb）、苦槠（*Castanopsis sclerophylla*（Lindl.）Schott.）和檵木（*Loropetalum chinense*），灌木层植物隶属于20科30属，主要优势植物为铁仔（*Myrsine africana* Linn.）、海金子（*Pittosporum illicioides*）、檵木，草本层植物隶属于9科10属，主要植物有蕨（*Pteridium aquilinum*）、兰花草（*Iris japonica*）；青冈次生林中，乔木层植物隶属于16科23属，主要优势植物为青冈（*Cyclobalanopsis glauca*（Thunb.）Oerst.）、马尾松、黄檀（*Dalbergia hupeana*）和苦槠，灌木层植物隶属于22科28属，主要优势植物有铁仔、青冈、海金子，草本层植物隶属于10科10属，主要植物是蕨、兰花草、水苏（*Stachys japonica* Miq.）。

乔木层中，青冈次生林的物种丰富度显著高于马尾松天然次生林（$P<0.01$），其他多样性指数的差异不显著（图4-1）。灌木层中，马尾松天然次生林物种丰富度高于青冈次生林，其他指数无明显差异。草本层中，马尾松天然次生林4种多样性指数均高于青冈次生林，但差异不明显。

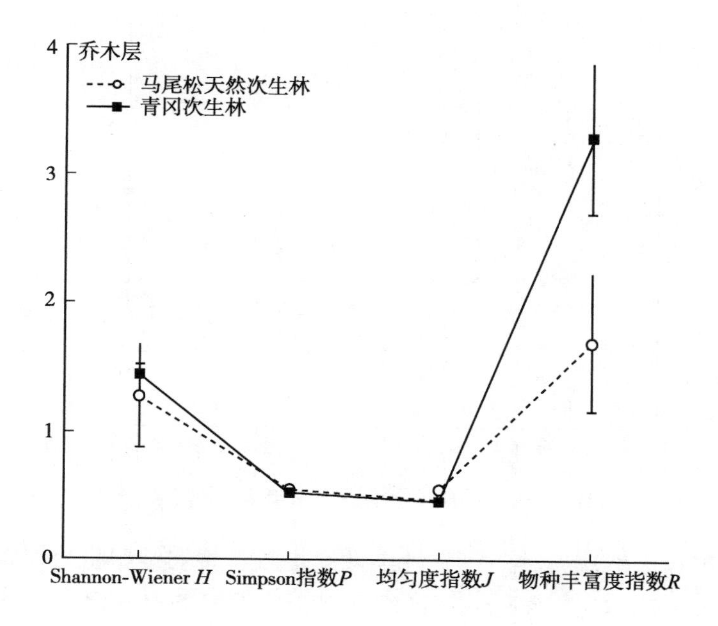

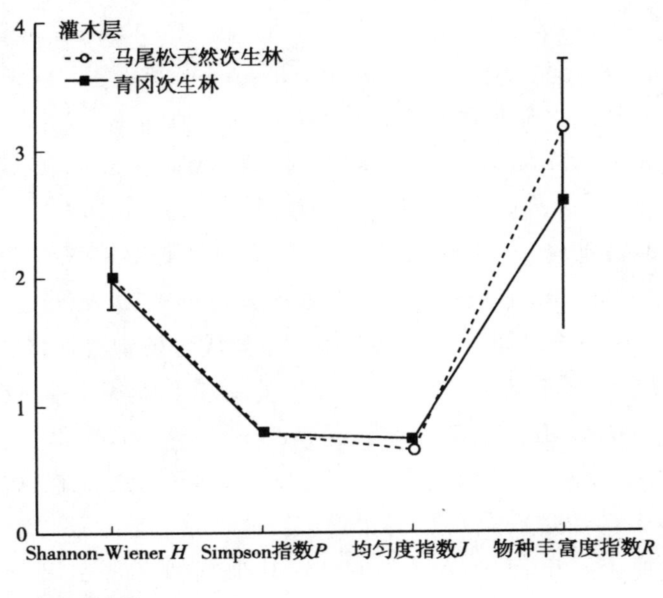

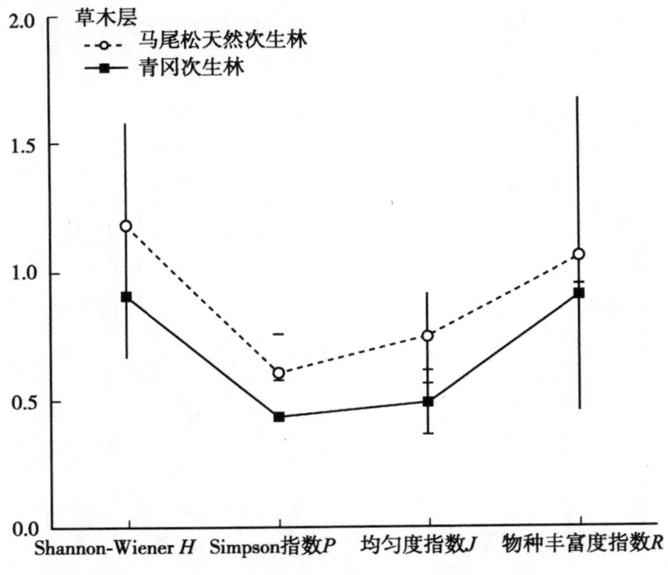

图 4-1　不同林分不同层次物种多样性指数

在马尾松天然次生林中，物种丰富度指数、香农维纳指数表现为灌木层＞乔木层＞草本层，Simpson 指数呈现为灌木层＞草本层＞乔木层，而均匀度指数呈现为草本层＞灌木层＞乔木层；在青冈次生林中，物种丰富度指数表现为乔木层＞灌木层＞草本层，香 Shannon - Wiener 指数、Simpson 指数呈现灌木层＞乔木层＞草本层，均匀度指数呈灌木层＞草本层＞乔木层。

4.2.2　不同疏伐强度中马尾松次生林物种多样性指数特征

1. 马尾松次生林乔木层的多样性指数在不同疏伐强度中的变化

马尾松次生林乔木层的 Margelef 丰富度指数、Shannon - Wiener 指数、Simpson 指数及 Pielou 均匀度指数如表 4-1 及图 4-2 所示。

表 4-1　马尾松次生林乔木层物种多样性指数

项目	对照 *CK*	轻度疏伐 *LIT*	中度疏伐 *MIT*	重度疏伐 *HIT*
Margelef 丰富度指数	1.11	1.45	1.77	1.10
Shannon - Wiener 指数	0.88	1.25	1.54	1.20
Simpson 指数	0.49	0.60	0.72	0.58
Pielou 均匀度指数	0.59	0.67	0.77	0.72

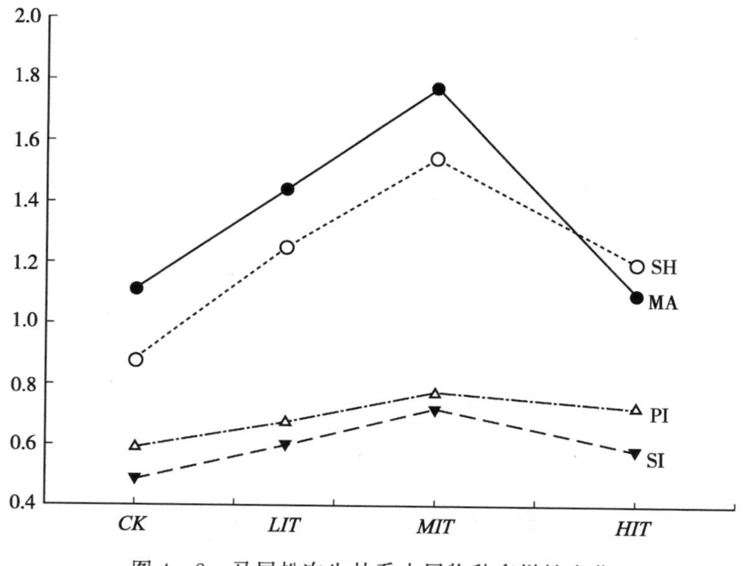

图 4-2　马尾松次生林乔木层物种多样性变化

Margelef 丰富度指数具体表现为 *MIT*＞*LIT*＞*CK*＞*HIT*。

Shannon－Wiener 指数具体表现为 $MIT>HIT>LIT>CK$。

Simpson 指数具体表现为 $MIT>LIT>HIT>CK$。

Pielou 均匀度指数具体表现为 $MIT>HIT>LIT>CK$。

2. 马尾松次生林灌木层的多样性指数在不同疏伐强度中的变化

马尾松次生林灌木层的 Margelef 丰富度指数、Shannon－Winner 指数、Simpson 指数及 Pielou 均匀度指数如表 4－2 及图 4－3 所示。

Margelef 丰富度指数具体表现为 $MIT>HIT>CK>LIT$。

Shannon－Wiener 指数具体表现为 $HIT>MIT>CK>LIT$。

Simpson 指数具体表现为 $HIT>MIT=CK>LIT$。

Pielou 均匀度指数具体表现为 $CK>HIT>MIT>LIT$。

表 4－2　马尾松次生林灌木层物种多样性指数

项目	对照 *CK*	轻度疏伐 *LIT*	中度疏伐 *MIT*	重度疏伐 *HIT*
Margelef 丰富度指数	5.81	5.13	6.69	6.18
Shannon－Wiener 指数	2.65	2.33	2.68	2.70
Simpson 指数	0.87	0.83	0.87	0.88
Pielou 均匀度指数	0.76	0.68	0.73	0.75

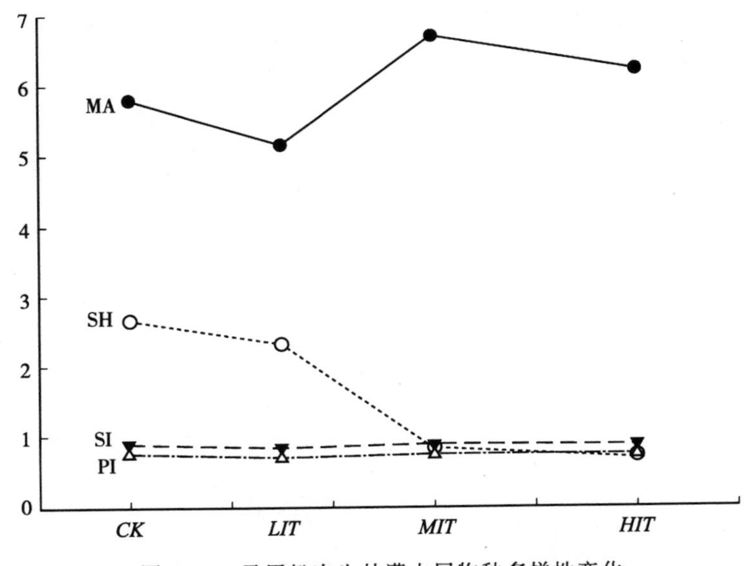

图 4－3　马尾松次生林灌木层物种多样性变化

3. 马尾松次生林草本层的多样性指数在不同疏伐强度中的变化

马尾松次生林草本层的 Margelef 丰富度指数、Shannon - Winner 指数、Simpson 指数及 Pielou 均匀度指数如表 4-3 及图 4-4 所示。

Margelef 丰富度指数具体表现为 *MIT*>*LIT*>*HIT*>*CK*。

Shannon - Wiener 指数具体表现为 *MIT*>*LIT*>*HIT*>*CK*。

Simpson 指数具体表现为 *LIT*>*MIT*>*HIT*>*CK*。

Pielou 均匀度指数具体表现为 *LIT*>*HIT*>*MIT*>*CK*。

表 4-3 马尾松次生林草本层物种多样性指数

项目	对照 *CK*	轻度疏伐 *LIT*	中度疏伐 *MIT*	重度疏伐 *HIT*
Margelef 丰富度指数	1.83	2.74	2.97	2.31
Shannon - Wiener 指数	1.47	2.04	2.07	1.87
Simpson 指数	0.66	0.85	0.81	0.79
Pielou 均匀度指数	0.72	0.84	0.77	0.80

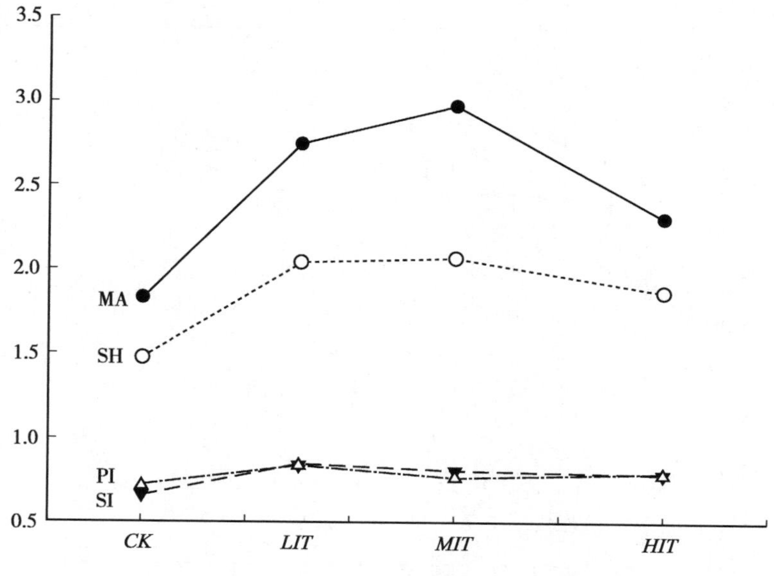

图 4-4 马尾松次生林草本层物种多样性变化

4.2.3 青冈栎次生林多样性指数在不同疏伐强度中的变化

1. 青冈栎次生林乔木层的多样性指数在不同疏伐强度中的变化

青冈栎次生林乔木层的 Margelef 丰富度指数、Shannon - Winner 指数、Simpson 指数及 Pielou 均匀度指数如表 4 - 4 及图 4 - 5 所示。

Margelef 丰富度指数具体表现为 *HIT*>*LIT*>*CK*>*MIT*。

Shannon - Wiener 指数具体表现为 *HIT*>*LIT*>*MIT*>*CK*。

Simpson 指数具体表现为 *LIT*>*HIT*>*MIT*>*CK*。

Pielou 均匀度指数具体表现为 *HIT*>*LIT*>*MIT*>*CK*。

表 4 - 4 青冈栎次生林乔木层物种多样性指数

项目	对照 *CK*	轻度疏伐 *LIT*	中度疏伐 *MIT*	重度疏伐 *HIT*
Margelef 丰富度指数	1.89	1.94	1.86	2.14
Shannon - Wiener 指数	1.21	1.49	1.30	1.53
Simpson 指数	0.51	0.66	0.56	0.64
Pielou 均匀度指数	0.51	0.62	0.58	0.64

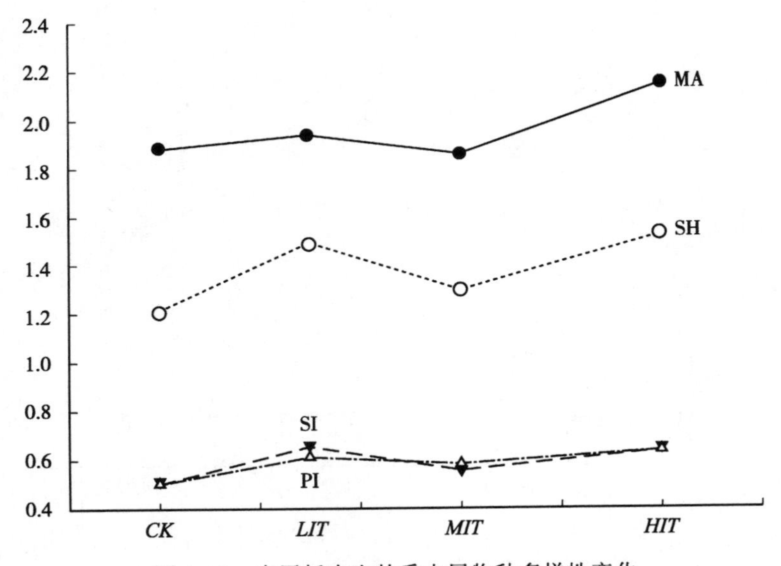

图 4 - 5 青冈栎次生林乔木层物种多样性变化

2. 青冈栎次生林灌木层的多样性指数在不同疏伐强度中的变化

青冈栎次生林灌木层的 Margelef 丰富度指数、Shannon - Winner 指数、Simpson 指数及 Pielou 均匀度指数如表 4-5 及图 4-6 所示。

Margelef 丰富度指数具体表现为 *HIT*>*MIT*>*LIT*>*CK*。

Shannon - Wiener 指数具体表现为 *HIT*>*LIT*>*MIT*>*CK*。

Simpson 指数具体表现为 *LIT*>*MIT*=*LIT*>*CK*。

Pielou 均匀度指数具体表现为 *HIT*>*MIT*=*LIT*>*CK*。

表 4-5　青冈栎次生林灌木层物种多样性指数

项目	对照 *CK*	轻度疏伐 *LIT*	中度疏伐 *MIT*	重度疏伐 *HIT*
Margelef 丰富度指数	2.78	5.03	6.03	7.27
Shannon - Wiener 指数	1.87	2.53	2.00	2.93
Simpson 指数	0.77	0.86	0.86	0.90
Pielou 均匀度指数	0.70	0.77	0.77	0.80

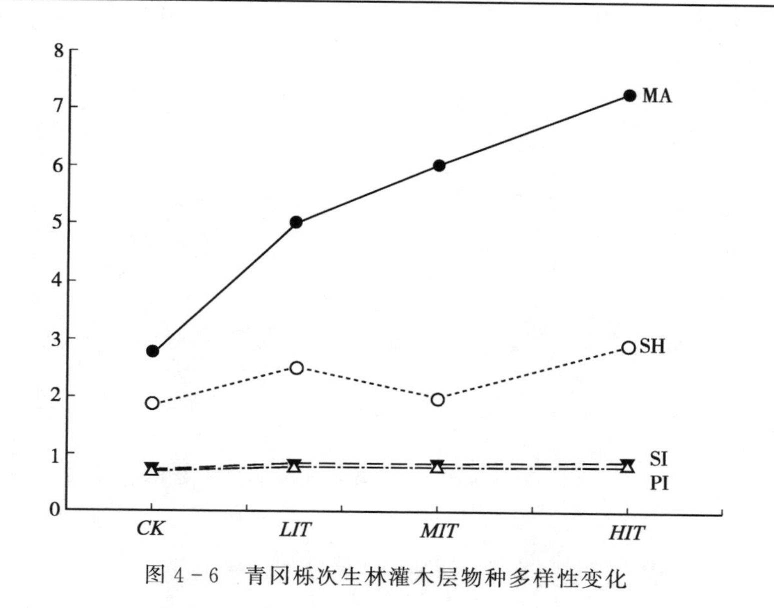

图 4-6　青冈栎次生林灌木层物种多样性变化

3. 青冈栎次生林草本层的多样性指数在不同疏伐强度中的变化

青冈栎次生林灌木层的 Margelef 丰富度指数、Shannon - Winner 指数、Simpson 指数及 Pielou 均匀度指数如表 4-6 及图 4-7 所示。

Margelef 丰富度指数具体表现为 *HIT*>*MIT*>*LIT*>*CK*。

Shannon - Wiener 指数具体表现为 *HIT*>*MIT*>*LIT*>*CK*。

Simpson 指数具体表现为 *HIT*>*MIT*>*LIT*>*CK*。

Pielou 均匀度指数具体表现为 *HIT*>*MIT*=*CK*>*LIT*。

表 4-6 青冈栎次生林草本层物种多样性指数

项目	对照 *CK*	轻度疏伐 *LIT*	中度疏伐 *MIT*	重度疏伐 *HIT*
Margelef 丰富度指数	2.63	2.65	3.60	5.15
Shannon - Wiener 指数	1.87	1.93	2.38	2.66
Simpson 指数	0.76	0.78	0.85	0.90
Pielou 均匀度指数	0.77	0.76	0.77	0.81

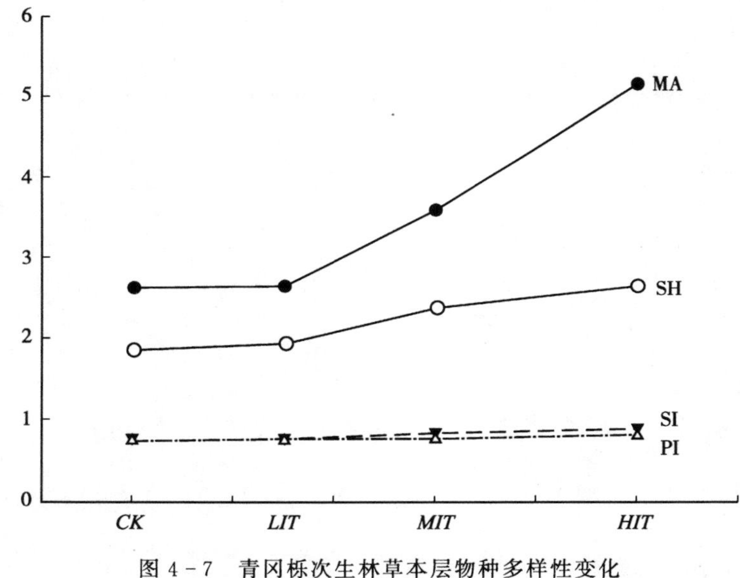

图 4-7 青冈栎次生林草本层物种多样性变化

4.2.4 不同疏伐强度自然更新的木本植物优势种

1. 马尾松次生林自然更新的木本植物的重要值

对疏伐 2a 后自然更新的木本植物进行调查，重要值如表 4-7。

对照样地（*CK*）中，重要值>1%的物种（从高到低）有海金子

(15.23%)、铁仔 (13.34%)、檵木 (10.93%)、白栎 (7.28%)、冬青(3.82%)、油茶 (3.46%)、石岩枫 (3.21%)、山莓 (2.93%)、紫弹树(2.70%)、乌饭树 (2.58%)、苦槠 (2.03%)、粉叶拔葜 (2.01%)、青冈栎 (1.98%)、黄檀 (1.95%)、竹叶花椒 (1.92%)、红叶野桐(1.84%)、柞木 (1.76%)、金樱子 (1.33%)、野柿树 (1.15%)、盐肤木 (1.06%)。共 20 种。

轻度疏伐 (LIT) 样地中，重要值≥1%的物种 (从高到低) 有铁仔(19.34%)、海金子 (18.94%)、檵木 (11.37%)、油茶 (5.18%)、苦槠(3.95%)、白栎 (3.35%)、石岩枫 (2.27%)、山莓 (2.93%)、盐肤木(2.34%)、白马骨 (2.29%)、乌饭树 (2.26%)、金樱子 (2.22%)、青冈栎 (2.18%)、紫弹树 (1.60%)、冬青 (1.52%)、红叶野桐(1.41%)、菝葜 (1.13%)、黄檀 (1.08%)、马尾松 (1.03%)、忍冬(1.00%)。共 20 种。

中度疏伐 (MIT) 样地中，重要值，1%的物种 (从高到低) 有檵木(19.65%)、铁仔 (9.06%)、海金子 (6.69%)、盐肤木 (3.91%)、红叶野桐 (3.66%)、山莓 (3.07%)、乌饭树 (2.80%)、白栎 (2.56%)、冬青 (2.53%)、金樱子 (2.37%)、油茶 (2.08%)、石岩枫 (1.99%)、木蜡 (1.92%)、青冈栎 (1.81%)、菝葜 (1.73%)、粉叶拔葜 (1.73%)、紫弹树 (1.48%)、柞木 (1.43%)、竹叶花椒 (1.41%)、忍冬(1.32%)、楮 (1.15%)。共 21 种。

重度疏伐 (HIT) 样地中，重要值>1%的物种 (从高到低) 有檵木(13.2%)、海金子 (5.36%)、铁仔 (5.26%)、红叶野桐 (3.62%)、盐肤木 (3.58%)、山莓 (3.03%)、冬青 (2.76%)、楮 (2.17%)、油茶(1.95%)、野柿树 (1.71%)、苦槠 (1.67%)、竹叶花椒 (1.42%)、青冈栎 (1.36%)。共 13 种。

表 4-7　马尾松次生林自然更新的木本植物重要值 (%)

序号	物种名称	对照 *CK*	轻度疏伐 *LIT*	中度疏伐 *MIT*	重度疏伐 *LIT*
1	海金子	15.23	18.94	6.69	5.36
2	铁仔	13.34	19.34	9.06	5.26

（续）

序号	物种名称	对照 CK	轻度疏伐 LIT	中度疏伐 MIT	重度疏伐 LIT
3	檵木	10.93	11.37	19.65	13.20
4	白栎	7.28	3.35	2.56	0.88
5	冬青	3.82	1.52	2.53	2.76
6	油茶	3.46	5.18	2.08	1.95
7	石岩枫	3.21	2.71	1.99	0.67
8	山莓	2.93	2.52	3.07	3.03
9	紫弹树	2.70	1.60	1.48	0.94
10	乌饭树	2.58	2.26	2.80	0.45
11	苦槠	2.03	3.95	0.95	1.67
12	粉叶拔葜	2.01	0.29	1.73	0.90
13	青冈栎	1.98	2.18	1.81	1.36
14	黄檀	1.95	1.08	0.80	0.57
15	竹叶花椒	1.92	0.25	1.41	1.42
16	红叶野桐	1.84	1.41	3.66	3.62
17	柞木	1.76	0.58	1.43	0.54
18	金樱子	1.33	2.22	2.37	0.81
19	野柿树	1.15	0.25	0.76	1.71
20	盐肤木	1.06	2.34	3.91	3.58
21	大青	0.96	0.21	0.00	0.32
22	木蜡树	0.95	0.48	1.92	0.59
23	白马骨	0.73	2.29	0.88	0.29
24	忍冬	0.70	1.00	1.32	0.30
25	小果蔷薇	0.70	0.50	0.31	0.57
26	小叶葛藟	0.64	0.29	0.19	0.17
27	山矾	0.63	0.87	0.89	0.61
28	绒毛胡枝子	0.59	0.00	0.30	0.55
29	菝葜	0.55	1.13	1.73	0.59
30	柘树	0.41	0.25	0.31	0.20
31	马尾松	0.39	1.03	0.29	0.95
32	扁担杆	0.34	0.27	0.13	0.00

（续）

序号	物种名称	对照 *CK*	轻度疏伐 *LIT*	中度疏伐 *MIT*	重度疏伐 *LIT*
33	牯岭蛇葡萄	0.28	0.30	0.00	0.14
34	楮	0.27	0.00	1.15	2.17
35	栀子花	0.21	0.31	0.51	0.40
36	青花椒	0.21	0.33	0.55	0.32
37	翅柃	0.00	0.23	0.24	0.00
38	楤木	0.00	0.61	0.48	0.36
39	粗毛悬钩子	0.00	0.00	0.00	0.16
40	枫香	0.00	0.00	0.65	0.62
41	小叶栎	0.00	0.43	0.56	0.28

2. 青冈栎次生林自然更新的木本植物的重要值

对疏伐2a后自然更新的木本植物进行调查，重要值如表4-8。

对照样地（*CK*）中，重要值≥1%的物种（从高到低）为海金子（18.81%）、青冈栎（16.58%）、石栎（12.73%）、铁仔（10.74%）、油茶（6.32%）、檵木（4.87%）、黄檀（3.10%）、络石（2.99%）、鸡血藤（2.96%）、牯岭蛇葡萄（2.46%）、油桐（1.94%）、紫弹树（1.88%）、白马骨（1.66%）、石岩枫（1.59%）、三叶木通（1.56%）、山矾（1.55%）、野柿树（1.45%）、木蜡（1.36%）、紫藤（1.30%）、忍冬（1.21%）、粉叶拔葜（1.13%）、竹叶花椒（1.08%）、苦槠（1.00%）。共23种。

轻度疏伐样地中，重要值>1%的物种（从高到低）为海金子（17.69%）、石栎（11.60%）、青冈栎（9.25%）、油茶（9.20%）、铁仔（5.65%）、忍冬（3.38%）、黄檀（2.79%）、粉叶拔葜（2.71%）、野柿树（2.09%）、盐肤木（1.94%）、鸡血藤（1.56%）、油桐（1.55%）、石岩枫（1.50%）、三叶木通（1.50%）、牯岭蛇葡萄（1.44%）、紫藤（1.42%）、苦槠（1.39%）、竹叶花椒（1.36%）、菝葜（1.29%）、紫弹树（1.09%）、络石（1.07%）。共21种。

中度疏伐样地中，重要值>1%的物种（从高到低）为青冈栎（26.74%）、铁仔（7.10%）、油茶（5.01%）、竹叶花椒（3.69%）、海金子（3.38%）、紫弹树（3.35%）、盐肤木（3.20%）、山莓（3.08%）、檵木（2.86%）、石岩枫（2.57%）、香樟（2.47%）、槠（2.30%）、苦槠（2.05%）、粉叶拔葜（2.04%）、络石（1.99%）、红叶野桐（1.92%）、石栎（1.76%）、三叶木通（1.69%）、刺楸（1.60%）、楤木（1.39%）、油桐（1.32%）、黄檀（1.28%）、白马骨（1.18%）、冬青（1.17%）、紫藤（1.11%）。共25种。

重度疏伐样地中，重要值>1%的物种（从高到低）为青冈栎（17.67%）、铁仔（9.85%）、盐肤木（5.89%）、山莓（3.74%）、紫弹树（3.57%）、粉叶拔葜（3.52%）、槠（3.51%）、檵木（3.28%）、竹叶花椒（3.14%）、白栎（2.60%）、海金子（2.57%）、楤木（2.42%）、油茶（2.11%）、木蜡（1.70%）、石岩枫（1.70%）、香樟（1.49%）、白马骨（1.44%）、黄檀（1.39%）、紫藤（1.32%）、刺楸（1.28%）、络石（1.27%）、红叶野桐（1.17%）、苦槠（1.13%）、石栎（1.12%）、三叶木通（1.12%）、冬青（1.06%）。共26种。

表4-8 青冈栎次生林自然更新的木本植物重要值（%）

序号	物种名称	对照CK	轻度疏伐LIT	中度疏伐MIT	重度疏伐LIT
1	菝葜	0.61	1.29	0.59	0.98
2	白栎	0.00	0.47	0.89	2.60
3	白马骨	1.66	0.98	1.18	1.44
4	刺楸	0.82	0.00	1.60	1.28
5	楤木	0.00	0.40	1.39	2.42
6	冬青	0.00	0.60	1.17	1.06
7	粉叶菝葜	1.13	2.71	2.04	3.52
8	牯岭蛇葡萄	2.46	1.44	0.96	0.89
9	红叶野桐	0.00	0.26	1.92	1.17
10	黄檀	3.10	2.79	1.28	1.39
11	鸡血藤	2.96	1.56	0.54	0.82
12	檵木	4.87	0.00	2.86	3.28
13	苦槠	1.00	1.39	2.05	1.13
14	络石	2.99	1.07	1.99	1.27

（续）

序号	物种名称	对照 *CK*	轻度疏伐 *LIT*	中度疏伐 *MIT*	重度疏伐 *LIT*
15	木蜡	1.36	0.38	0.62	1.70
16	青冈栎	16.58	9.25	26.74	17.67
17	忍冬	1.21	3.38	0.00	0.68
18	三叶木通	1.56	1.50	1.69	1.12
19	山矾	1.55	0.68	0.90	0.85
20	山莓	0.39	0.84	3.08	3.74
21	石栎	12.73	11.60	1.76	1.12
22	石岩枫	1.59	1.50	2.57	1.70
23	铁仔	10.74	5.65	7.10	9.85
24	香樟	0.00	0.66	2.47	1.49
25	楮	0.00	0.31	2.30	3.51
26	崖花海桐	18.81	17.69	3.38	2.57
27	盐肤木	0.00	1.94	3.20	5.89
28	野柿树	1.45	2.09	0.53	0.79
29	油茶	6.32	9.20	5.01	2.11
30	油桐	1.94	1.55	1.32	0.84
31	竹叶花椒	1.08	1.36	3.69	3.14
32	紫弹树	1.88	1.09	3.35	3.57
33	紫藤	1.30	1.42	1.11	1.32

第5章　林窗对次生林物种多样性的影响

林窗是由森林林冠层乔木死亡或移除等原因所产生的林中空地或小地段，是新个体入侵、占据和更新的空间（Watt，1947）。大多数研究者都认为林窗的范围为4～1 000hm^2的界限之内，是一种中小尺度的干扰（张乔民，1997；陈鹭真，2006）。林窗作为森林内经常发生的重要干扰之一，是植被演替和更新的主要动力，在森林结构调整、群落物种共存和生物多样性维持中扮演着重要的角色（Elias，2009；刘庆，2002）。

林窗大小是表征林窗内生态环境特征的重要指标之一，不同大小林窗中的光照、气温、水分和土壤养分等生态因子组合不同，对植物的生长和繁殖产生着不同的影响，使植被生长和多样性特征存在差异。青海云杉在不同大小林窗均表现为聚集分布，在正常林分内表现为均匀分布，这主要是取决于青海云杉的生物学特性，同时与所处的林窗环境紧密相关。林窗形成后，林窗内植物种数、属数和科数增加，乔木、灌木和草本种数增多，物种丰富度指数和多样性 Shannon - Wiener 指数显著提高（$P<0.05$）（杨育林，2014）。

林窗干扰发生后，林窗内的环境条件发生了不同程度的变化。林隙内微环境的改变为种苗的大量萌发提供了充足的光照、水分、温度，这些因子的改变，在最初的形成阶段有利于林隙内物种数量的增加。不同的树种对不同林隙的反应不同，其在不同大小林隙中的重要性也各不相同。随着林窗年龄的增加，林窗内的环境条件逐渐趋于稳定，不同树种的不同个体在对资源的利用和竞争中形成了各自生态位的分化，一些树种个体因不适应林隙内的微生境而停止生长甚至死亡，导致物种丰富度、多样性和均匀度指数下降。

5.1　研究方法

1. 林窗设置

以慈利天心阁马尾松次生林和会同站的退化常绿阔叶林为研究对象，先后于 2018 年 7 月和 2019 年 1 月在天心阁和会同站开林窗。根据随机区组设计的方法，按照长轴、短轴之和平均值与边缘木平均林冠高度的比值来设计，其比值为 0.5、1.5、2.5，设置三个不同大小的林窗。选择在不同位置和大小的林窗中心去设立的小样方，并在离每个林窗边缘 10m 处随机设置 1 个 5m×5m 的非林窗对照样方，分别调查林窗内和非林窗内乔木和灌木草本的物种多样性以及各样方的乔灌草更新群团的种类、个体数和盖度等。其中，每区组林窗的林分类型、林龄、海拔、纬度尽量保持一致。砍伐后，转移树枝、树干残体，未进行掘根处理。

在慈利县天心阁林场的马尾松天然次生林设置 6 个区组（大中小）林窗（实验）共 18 个；在林窗的外四周（主要是上面/下面）约 10m 处布置 5m×5m 对照样地共计 31 个。

在会同生态站退化的天然次生林设置 4 个区组（大中小）林窗（实验）共 12 个。

2. 林窗内多样性调查

在 2020 年 7 月对林窗内和对照样地进行林下植被调查，在三个区组林窗中及其对照样地中调查个灌木小样方。样地调查分灌木层和草本层两层进行，其中灌木层调查和记录的项目包括：灌木层（包括木质藤本中所有乔木幼苗与幼树）的物种名称、不同植物的株数、盖度、高度及其在不同样方中出现的频度；草本层调查和记录的项目包括：草本层（包括草质藤本）的物种名称、不同植物的株数、盖度、高度及其在不同样方中出现的频度。所调查的马尾松次生林划分为 10 个高度级（资源单位），每个高度级为 30cm，分析群落主要优势种群的生态位宽度及各个种对间的生态位重叠特征。

3. 林窗内的生态位宽度

生态位宽度（B）是指物种对资源利用程度，采用 Shannon－Wiener

生态宽度指数和 Levins 生态宽度指数计算，计算公式如下：

$$P_{ij} = n_{ij} / \sum_{j=1}^{r} n_{ij}$$

$$B(SW)_i = -\sum_{j=1}^{r} (P_{ij} \ln P_{ij})$$

$$B(L)_i = 1/r \sum_{j=1}^{r} P_{ij}{}^2$$

P_{ij} 为物种 i 在第 j 资源位上的占用率或它在该资源状态上的分布比，n_{ij} 为物种 i 在第 j 资源的重要值；r 为资源位总位数（样方数）。其中，$B(SW)_i$ 和 $B(L)_i$ 值域分别为［0，ln$r$］和［1/r，1］。

两个指数越大，说明生态位越宽，在资源利用上越占优势。当两个指数较小时，说明该物种的生态位较窄，对环境的适应性较差。

生态位重叠是指一定资源序列上，两个物种利用同等级资源而相互重叠的情况。采用 Levins 生态重叠指数计算，公式为：

$$L_{ih} = B(L)_i \sum_{j=1}^{r} P_{ij} P_{hj}$$

$$L_{hi} = B(L)_h \sum_{j=1}^{r} P_{ij} P_{hj}$$

L_{ih} 表示物种 i 重叠物种，L_{hi} 表示物种 i 被物种 h 重叠的重叠指数，取值范围为［0，1］；$B(L)_h$ 为物种 h 的生态位宽度指数；P_{hj} 为物种 h 在第 j 资源位上的重要值或它在该资源状态上的分布的高度级，将所调查的林分高度划分为 10 个资源位，每个高度级为 30cm。

5.2 林窗对物种多样性特征的影响

5.2.1 林窗大小对物种多样性指数的影响

林窗大小是林窗的基本特征之一，林窗改变了光照、温度等环境因子，影响林窗内种子萌发及外来种的定居，进而影响林窗内物种更新和生物多样性。从不同面积林窗中植物的生长状况来看，Simpson 指数、Pielou 指数、Shannon－Wiener 指数、Margalef 指数大体上都比林内的要高。其中，Pielou 指数、Shannon－Wiener 指数、Margalef 指数基本呈现在中林窗＞大林窗＞小林窗的变化格局。随林窗面积的不断增大呈现逐渐减少的趋势，大面积的林窗的环境条件更接近采伐空地或无林地的，林窗内环境异质性强，且光照强度大，反而不利于植被更新，因此，大林窗的物种丰富度降低，四个指数偏低。但 Simpson 指数呈现出小林窗＞中林窗＞大林窗的变化格局，这是因为小林窗内有很多刚萌发不久的幼苗，Simpson 指数略大于中林窗。从不同的林分中林窗内植物的生长状况来看，马尾松次生林生态系统中的 Simpson 指数、Pielou 指数、Shannon－Wiener 指数、Margalef 指数大体上都比常绿阔叶次生林生态系统的高，特别是 Pielou 指数、Shannon－Wiener 指数、Margalef 指数明显较高（$P<0.05$），这可能是由于当前的林分马尾松次生林属于演替后期，马尾松土壤根系的抑制作用较小，土壤酸碱度略有提高，保证了大量种子的萌发条件，进而引起林下植被组成的变化。本研究发现，林窗能够显著促进林下物种多样性及森林更新，林窗内更新苗密度及物种数均多于林内，说明林窗形成后，林窗内植物获得资源的有效性提高，得以良好生长。

5.2.2　林窗大小对物种多样性指数的影响

1. 常绿阔叶次生林林窗更新群团的外貌特征

大林窗植物总数为176，灌木为121种，草本为55种；中林窗植物总数为169，灌木有113种，草本为56种；小林窗植物总数为120种，灌木为85种，草本35种（图5－1、图5－2）

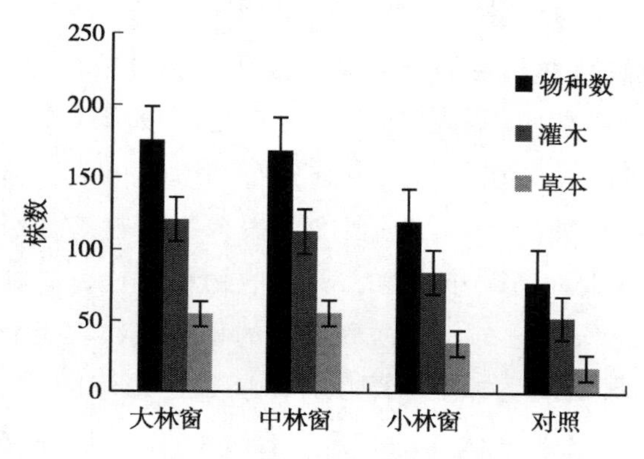

图5－1　林窗内的更新群团的数量特征

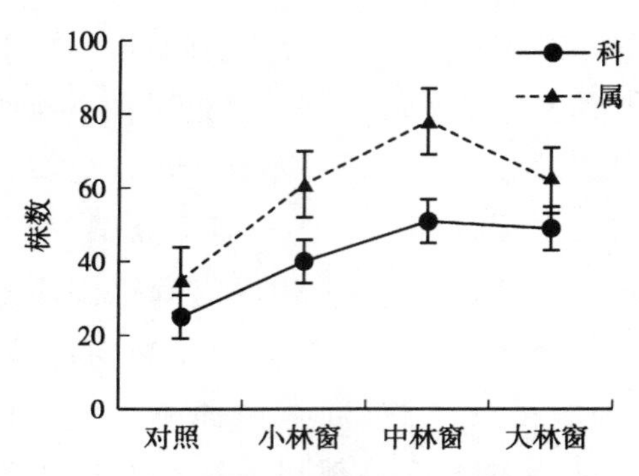

图 5-2　林窗内的更新植被科属数量特征

大林窗中共 49 科，其中，大戟科、百合科、蔷薇科、桑科、樟科较多；共 62 属，其中菝葜属、悬钩子属、木姜子属、冬青属、榕属比较多。中林窗共有 51 科，其中大戟科、百合科、马鞭草科、葡萄科、蔷薇科比较多，共 78 属，其中紫珠属、菝葜属、葡萄属、悬钩子属、冬青属比较多。小林窗植被共有 40 科，61 个属，其中常见科有樟科、蔷薇科、大戟科、葡萄科、茜草科、木兰科等，常见属有悬钩子属、木姜子属、葡萄属、崖豆藤属、菝葜属。对照样地，25 科，35 属。

2. 常绿阔叶次生林林窗更新群团的垂直结构分析

在林窗中，更新群团垂直结构呈现差异化分布。大部分优势种在不同的高度级单元都有分布，只有少数物种仅在一个高度级层次分布，且数量特征明显，说明其在更新中占据特定的位置。这 10 个优势种，种群个体主要分布于Ⅰ层，Ⅲ层（图 5-3）。

3. 常绿阔叶次生林林窗更新群团的径级结构分析

在林窗中，更新群团的各径级类型分布范围较窄或在径级分布上有明显间断，大多数的物种都在小径级内有分布（图 5-4）。不同大小林窗中，同一径级上，不同物种的个体相对多度代表该物种在该径级上的相对重要性。总体来看，和大林窗、小林窗、林内的物种相比，中林窗的更新物种在径级水平上呈现均匀分布，占据着较多的径级层次，更新情况较好。

4. 林窗对马尾松次生林更新群团外貌特征的影响

不同物种优势度在同一大小的林窗内有所不同，同一物种在不同大小林窗内优势度也存在差异。在灌木层，盐肤木（Rhus chinensis）、檵木（Lorope-

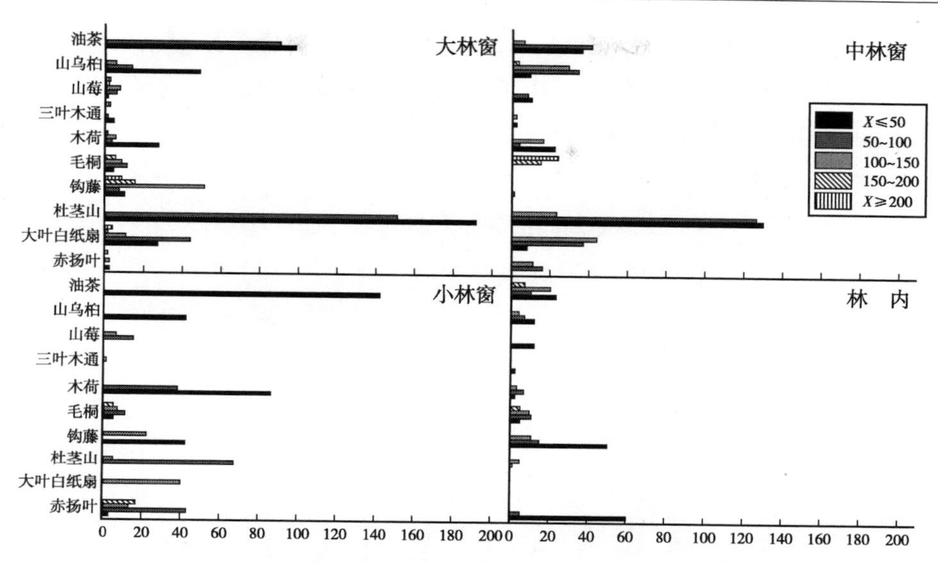

图 5－3　不同大小林窗更新群团优势种的高度—株数结构图

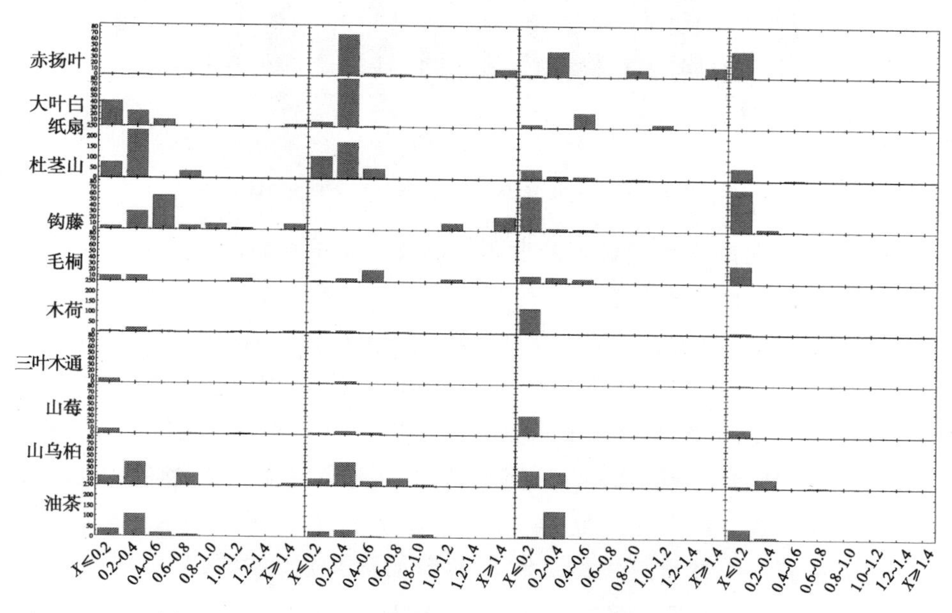

图 5－4　不同大小林窗更新群团优势种的径级—株数结构图

talum chinense)、铁仔作（Myrsine africana）的重要值次序都较为靠前种，这些树种生态适应性强，分布广泛，在林窗内和林下都占据着重要位置，为马尾松次生林内的优势树种（图 5－5）。大林窗内重要值排序靠前是小构树（Broussonetia kaempferi）、铁仔、山莓（Rubus corchorifolius）、苦槠（Castanopsis sclerophylla）、粉叶菝葜（Smilax corbularia）、油茶（Camellia oleifera）、竹叶花椒（Zanthoxylum armatum）、红叶野桐（Mallotus paxii），中林窗重要值排序靠前是青冈（Cyclobalanopsis glauca）、木蜡树（Toxicodendron sylvestre）、白栎（Quercus fabri），小林窗中林窗重要值排序靠前红叶野桐、黄檀（Dalbergia hupeana）、紫弹朴（Celtis biondii）、栀子（Gardenia jasminoides）。

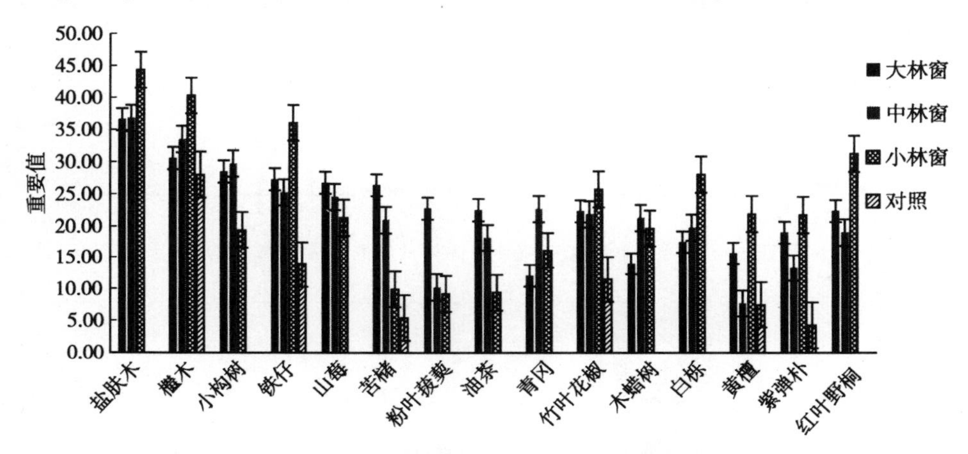

图 5－5　不同大小林窗内灌木层主要种群重要值

5. 林窗对马尾松次生林更新群团生态位特征的影响

不同树种在相同的生境下，其生态位宽度值不同，同一树种在不同的生境下的生态位宽度也会不同。盐肤木的生态宽度值：MB（SW）（0.71）＞LB（SW）（0.38）＞SB（SW）(0.26)＝CB（SW）（林内）；檵木、小构树、铁仔、山莓都表现这样的规律，说明这些物种在中林窗（150～180m^2）的更新较好（图 5－6）。其他树种的生态宽度值变化不明显，对林窗的响应不敏感，在林窗与林内都有特定的高度生态位。

在大林窗、中林窗、小林窗和非林窗的灌木层，生态位重叠值大于 0.1 的物种数所占比例分别为 85.71%、92.98%、44.64 和 12.5%；生态位重叠值为 0.2～0.5 的物种数比例分别为 12.81%、23.24%、41.07% 和 0.78%。在大林窗中，苦槠与铁仔的生态位重叠值最大，说明这两个物种在高度生态位上利用能力相似（图 5－7）。在中林窗内，青冈与竹叶

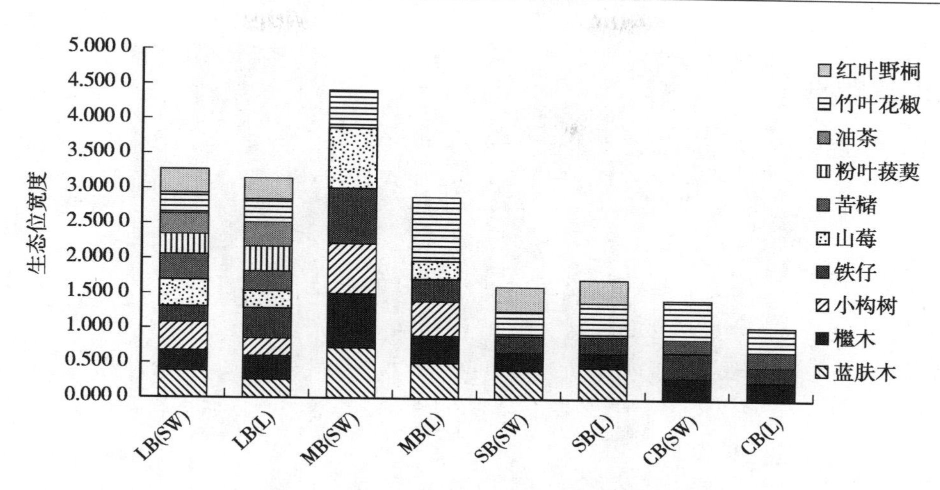

图 5-6　不同大小林窗灌木层主要种群生态位

花椒的生态位重叠值最大，其次是铁仔与竹叶花椒，竹叶花椒与多物种存在资源共享（图 5-8）。小林窗中，紫弹朴与黄檀、铁仔两个物种出现生态位重叠（图 5-9、图 5-10、图 5-11）。

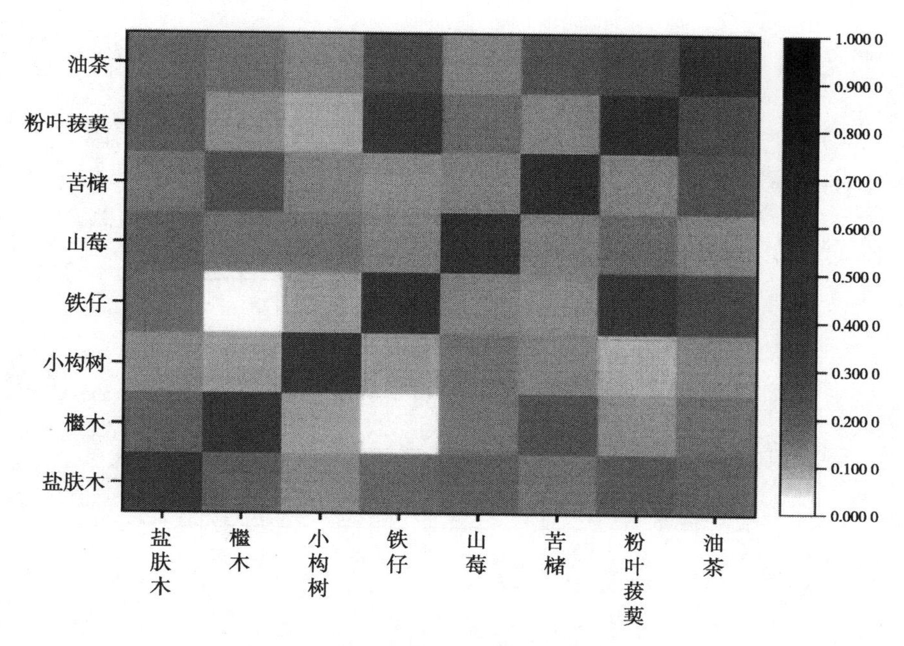

图 5-7　大林窗内不同植物的生态重叠度

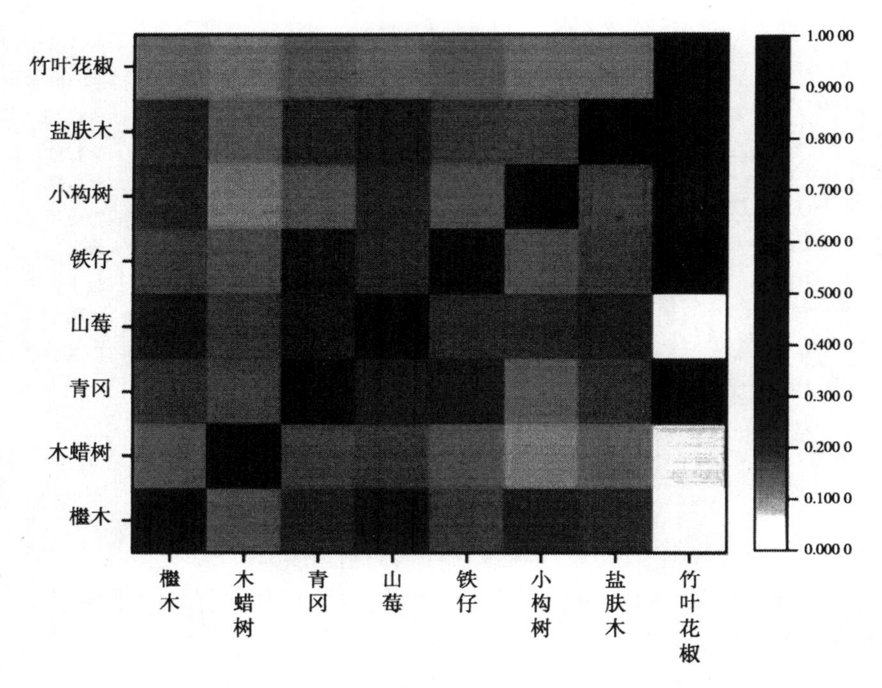

图 5-8　中林窗内不同植物的生态重叠度

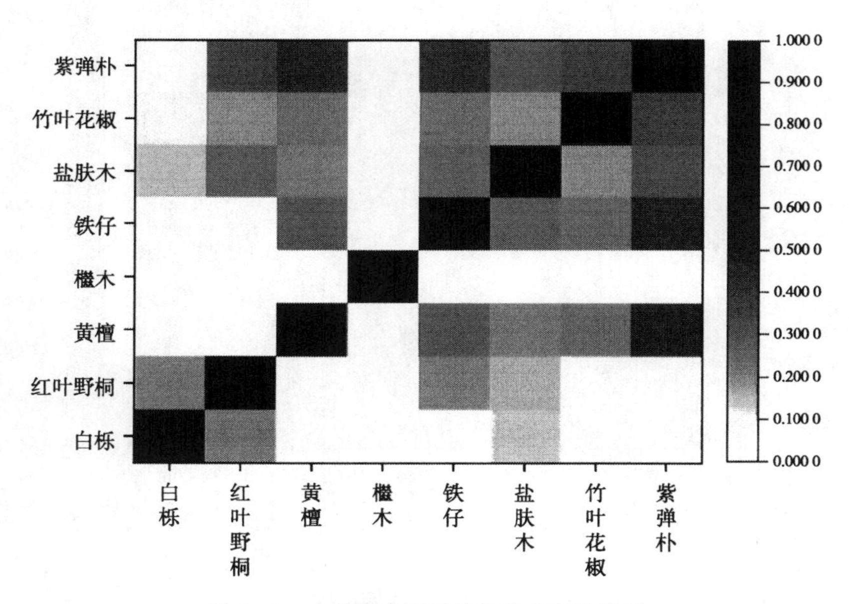

图 5-9　中林窗内不同植物的生态重叠度

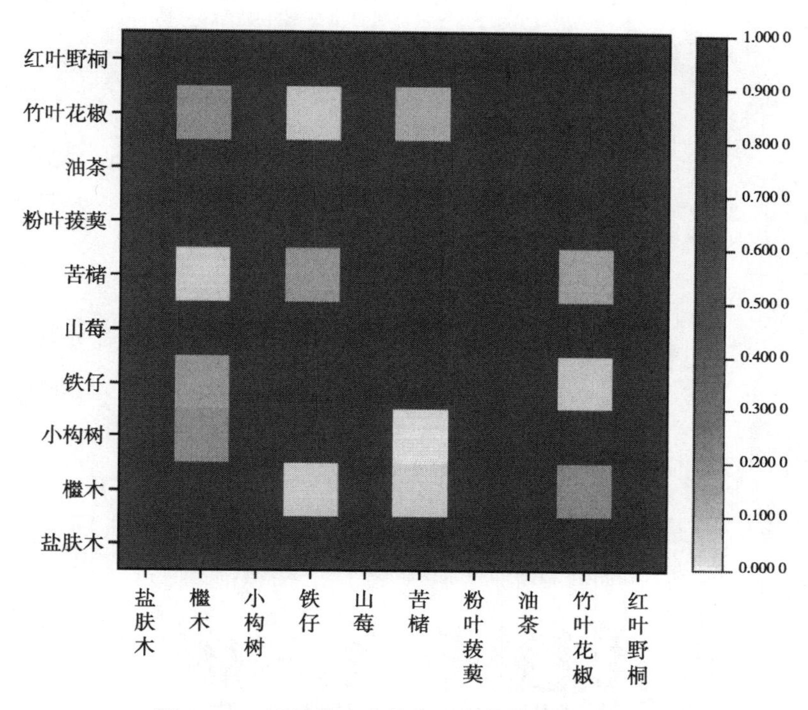

图 5-10　马尾松次生林内不同植物的生态重叠

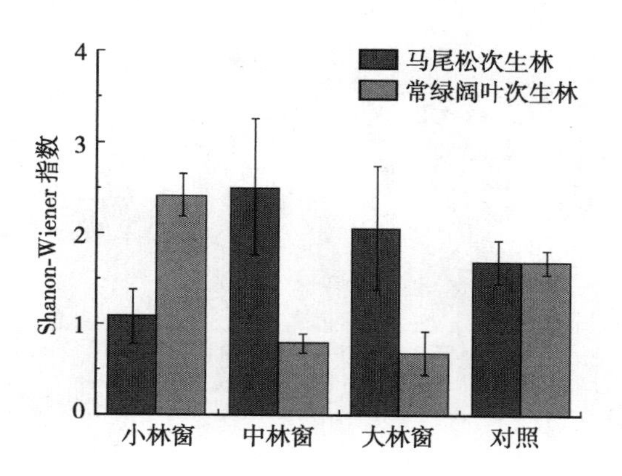

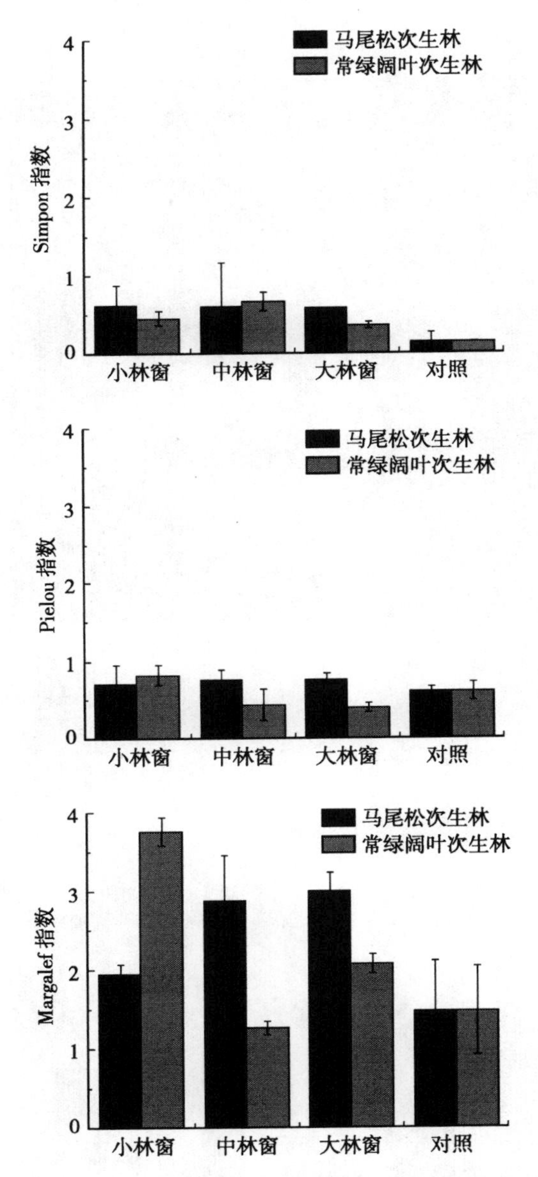

图 5-11　不同大小林窗内植被四种多样性指数特征

第 6 章　青冈栎次生林林下主要木本植物的生态策略

植物的功能性状指影响植物体生长、繁殖和存活的一系列特征，这些特征单独或联合地指示生态系统对环境变化的响应。功能性状并非独立存在，它们之间普遍存在着权衡关系，这种权衡关系经过自然筛选后形成的性状组合，称为生态策略，它直接影响着植物资源获取利用及群落构建的方式。

在众多植物器官中，叶片是进行光合作用的主要场所，叶功能性状体现了植物为获得最大化碳收获所采取的生存适应策略，是植物结构组成、养分利用等资源分配的权衡体现。已有研究将叶功能性状间的权衡关系总结为叶经济谱，谱的一端是具有高叶氮含量、高光合速率、短寿命、小比叶重等性状组合的“快速投资—收益”型植物，而另一端是具有相反性状组合的“慢速投资—收益”型植物，所有植物都能根据其性状组合在这条连续谱上找到位置。然而，植物叶功能性状众多，如何组合能最简单地反映出植物生态策略？Pierce 等人通过整合全球多个气候区的植物功能性状发现，使用某三个功能性状与使用十四个性状产生的多变量空间具有很强地一致性，由此，他们基于 CSR 策略理论[9]，将功能性状与生态策略整合起来提出了以叶面积（LA）、比叶面积（SLA）、叶干物质含量（LDMC）三个核心叶功能性状之间的数量关系为标准判定植物生态策略的 CSR 策略模型方法，并分析了全球不同气候区的植物生态策略类型。目前，该方法在生态学多个领域得到应用。

亚热带常绿阔叶林是我国分布面积最广、最典型的森林植被类型。青冈栎次生林作为亚热带常绿阔叶林中重要的一部分，在生物多样性保育、生态系统服务功能及社会经济效益等方面都发挥着重要作用。目前，国内关于青冈栎林的研究大多集中于林分结构、种子及幼苗特性等方面，关于植被生态策略的研究有待补充。生态策略与群落发展走向、生态系统功能等密切相关，分析植物生态策略有助于进一步探究青冈栎次生林中植被与环境的关系。本书以湘西地区天心阁林场青冈栎次生林中31种木本植物为研究对象，探究植物生态策略及叶功能性状规律，为解释该地区群落组成、生态系统功能等提供理论基础，为植物筛选应用及多样性保育等提供科学依据。

6.1 研究方法

6.1.1 样地设置与调查

按照样地设置标准在慈利县天心阁林场青冈栎次生林中选取立地条件基本一致的林分，在同一坡向、坡位设置大小为25m×40m的固定样地13块，并按照“S”形取样法取样进行土壤养分测定（表6-1）。

表6-1 样地基本概况

样地编号	坡度	郁闭度	林下盖度（%）	有机碳SOC	速效钾AK	有效磷AP
1	18°	0.82	29.58	22.16	79.80	2.24
2	30°	0.87	20.10	22.39	56.55	2.78
3	34°	0.82	8.70	26.11	71.47	3.23
4	40°	0.82	21.86	27.41	44.76	2.65
5	37°	0.81	21.24	31.98	63.84	2.96
6	25°	0.82	12.36	22.93	71.26	2.13
7	27°	0.88	13.07	29.51	59.38	2.85
8	27°	0.88	16.22	28.16	89.26	2.13
9	29°	0.85	22.40	24.54	61.15	4.84
10	30°	0.91	8.96	25.52	56.23	3.82
11	30°	0.92	10.88	25.48	69.21	3.96
12	34°	0.85	11.42	26.02	53.71	3.88
13	35°	0.82	12.52	29.70	74.80	4.01

注：土壤养分含量为0～10cm、10～20cm层平均值。

2020年8月在每块固定样地的四角和中心设置4m×4m的植被调查

样方，共设置有效样方 65 个。以 4m×4m 的小样方为基本单位，对样方内胸径≥5cm 的树木以及所有林下木本植物（胸径<5cm）进行物种鉴别，并记录物种名称、株数、胸径、基径、高度。

经调查，天心阁青冈栎次生林中物种丰富，在所调查的 65 个样方中，林下植物共 150 种，包含木本植物 86 种，属 36 科 67 属，优势科为壳斗科（Fagaceae）。通过相对重要值计算，确定了 31 个主要木本物种（IV≥1%，表 6-2），属 24 科 29 属。其中，青冈栎（*Cyclobalanopsis glauca*）的分布范围、数量、盖度均为最高，占绝对优势。

表 6-2　林下主要木本植物重要值

序号	物种名称	相对频度	相对密度	相对盖度	重要值
1	青冈栎 *Cyclobalanopsis glauca*	8.05	20.60	24.63	17.76
2	铁仔 *Myrsine africana*	4.86	14.40	8.94	9.40
3	海金子 *Pittosporum illicioides*	5.78	10.13	8.65	8.19
4	柯 *Lithocarpus glaber*	3.34	4.61	7.16	5.04
5	油茶 *Camellia oleifera* var. *oleifera*	4.41	3.63	6.66	4.90
6	盐肤木 *Rhus chinensis*	3.50	2.68	2.96	3.05
7	紫弹树 *Celtis biondii*	4.10	2.46	1.21	2.59
8	竹叶花椒 *Zanthoxylum armatum*	3.65	2.31	1.71	2.55
9	檵木 *Loropetalum chinense*	1.82	2.23	3.59	2.55
10	黑果拔葜 *Smilax glaucochina*	3.80	2.08	1.33	2.40
11	山莓 *Rubus corchorifolius*	2.74	2.46	1.56	2.25
12	楮 *Broussonetia kazinoki*	2.28	1.55	1.78	1.87
13	黄檀 *Dalbergia hupeana*	2.43	1.36	1.78	1.86
14	紫藤 *Wisteria sinensis f. sinensis*	2.74	1.47	1.10	1.77
15	石岩枫 *Mallotus repandus*	3.19	1.28	0.82	1.76
16	络石 *Trachelospermum jasminoides*	1.22	3.02	0.59	1.61
17	苦槠 *Castanopsis sclerophylla*	1.82	1.21	1.75	1.59
18	三叶木通 *Akebia trifoliata*	2.13	1.17	0.84	1.38
19	香樟 *Cinnamomum camphora*	1.37	0.91	1.82	1.37
20	牯岭蛇葡萄 *Ampelopsis heterophylla* var.	2.13	0.98	0.72	1.28

（续）

序号	物种名称	相对频度	相对密度	相对盖度	重要值
21	鸡血藤 *Spatholobus suberectus*	1.82	0.98	0.97	1.26
22	忍冬 *Lonicera japonica*	1.98	1.13	0.59	1.23
23	白马骨 *Serissa serissoides*	1.67	0.83	1.14	1.21
24	木蜡 *Toxicodendron sylvestre*	1.67	1.25	0.68	1.20
25	拔葜 *Smilax china*	1.37	1.06	0.87	1.10
26	刺楸 *Kalopanax septemlobus*	1.82	0.76	0.47	1.02
27	红叶野桐 *Mallotus paxii*	1.22	0.64	1.18	1.01
28	野柿树 *Diospyros kaki* var. *silvestris*	1.52	0.87	0.63	1.01
29	柞木 *Xylosma racemosum*	1.37	0.72	0.89	0.99
30	山矾 *Symplocos sumuntia*	1.82	0.66	0.44	0.98
31	冬青 *Ilex chinensis*	0.95	0.82	1.14	0.97

6.1.2 植物采集与性状测定

根据植被调查结果计算物种相对重要值，选取重要值 IV≥1%（四舍五入）的物种为主要物种，共 31 种。在样地中随机选取长势良好的主要物种成熟个体各 5 株，在每个个体的冠层附近采集 20 张完整、无病斑的健康成熟树叶。复叶需要采集 10 张完整叶，通常先采下枝条，再剪下叶片。将叶片置于两片湿润的滤纸之间，放入自封袋内，带回实验室。

在实验室将叶片从自封袋取出，擦干多余水分，进行功能性状测定及处理：

（1）叶面积（LA）：测量时将新鲜叶片展平放入扫描仪（Cannon LiDE300）中进行扫描及保存，设置扫描件的大小，导入 matlab 进行计算，单位为 mm^2。

（2）叶干物质含量（LDMC）：测量时用精度为 0.01g 的天平称鲜重后，放入信封中 80℃烘干 48h，取出称干重，干重与鲜重比值即为叶片干物质含量，单位为 mg/g。

（3）比叶面积（SLA）：计算新鲜叶片的面积与干重比值得到比叶面积，单位为 mm^2/mg。

（4）叶氮含量（LNC）：测量之前需对叶片进行烘干粉碎过筛处理，然后包样，用元素分析仪进行测定（VARIO MAX CN by Germany Elementary），单位为mg/g。

（5）叶磷含量（LPC）：测量之前需对叶片进行烘干粉碎过筛处理，然后用高氯酸—硫酸消煮法制备待测液，用流动分析仪进行测定（AA3），单位为mg/g。

6.1.3　数据处理

（1）物种相对重要值（importance value，IV）。计算公式如下：

物种重要值＝(相对多度＋相对盖度＋相对频度)/3

其中，相对多度（%）＝某个种的株数/所有种的总株数×100%；

相对频度（%）＝某个种在统计样方中出现的次数/所有种出现的总次数×100%；

相对盖度（%）＝某个种的盖度/所有种的总盖度×100%。

（2）功能性状变异系数（CV）。计算公式如下：

变异系数（%）＝标准偏差/平均值×100%

（3）数据整理及重要值计算在Office Excel 2020中完成；C∶S∶R策略占比计算及生态策略分析在StrateFy工具中完成；叶功能性状特征计算、Tukey差异性检验及Pearson相关性分析均在R 4.0.3中完成，作图在R 4.0.3中完成。

6.2　结果与分析

6.2.1　林下主要木本植物的叶功能性状特征

31种林下主要木本植物叶功能性状分布如图6－1。LA、LDMC、SLA、LNC、LPC的变化范围分别为143.62～41 125.00mm^2、253.73～744.88mg/g、4.42～33.62mm^2/mg、9.90～37.38mg/g、0.05～1.65mg/g。

林下主要木本植物叶功能性状种间变异系数大。其中，LA（134.03%）的种间变异系数最大，其最大值来自于盐肤木，最小值来自于铁仔，相差286倍之多。其次为SLA（50.30%），最大值来自野柿树，最小值来自油茶。LPC 的种间变异系数为 41.71%，最大值来自檵木，最小值来自刺楸。LDMC（29.22%）以及 LNC（28.59%）的种间变异性系数在 28%～30%；LDMC 的最大值来自铁仔，最小值来自莸荚；LNC 的最大值来自黄檀，最小值来自油茶。

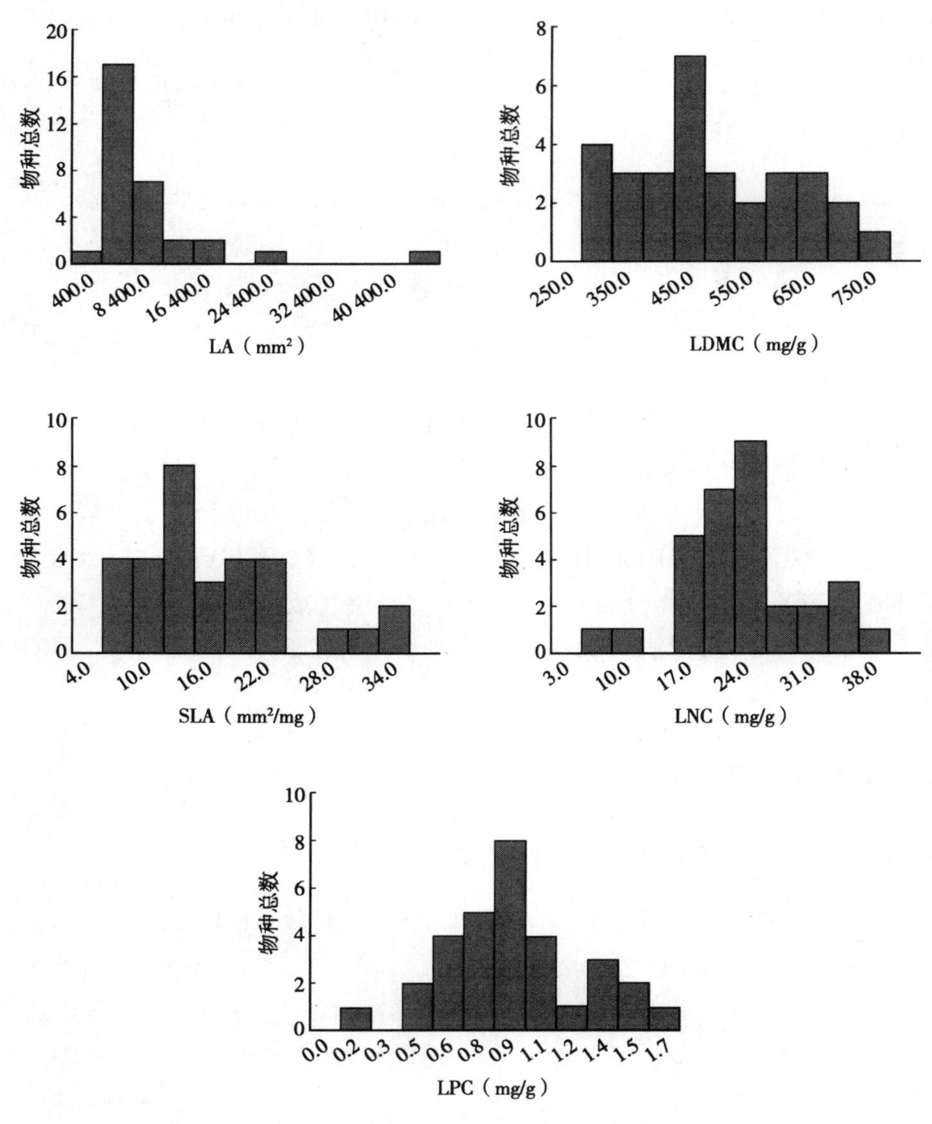

图 6-1　主要木本植物叶功能性状分布

6.2.2 林下主要木本植物的生态策略

利用StrateFy计算工具分析，在CSR策略模型下，湘西天心阁青冈栎次生林林下31种主要木本植物可划分为8种生态策略（表6-3），不同生态策略在C、S、R三种策略上的投资比例有差异。其中，包含物种数量较多的生态策略类型有忍耐/竞争—忍耐型（S/CS）、竞争—忍耐/竞争—忍耐—杂草型（CS/CSR）、竞争/竞争—忍耐—杂草型（C/CSR），分别包含8个、6个及6个物种，占比25.8%、19.4%及19.4%；包含物种数量较少的生态策略类型有竞争—忍耐型（CS）、竞争/竞争—忍耐型（C/CS）、竞争—忍耐—杂草型（CSR），分别包含2个、1个及1个物种，占比6.5%、3.2%及3.2%；另外，忍耐型（S）及忍耐/竞争—忍耐—杂草型（S/CSR）生态策略分别有4个及3个物种，占比12.9%及9.7%。

表6-3 林下主要木本植物生态策略类型

物种名称	C∶S∶R（%）	生态策略
盐肤木 *Rhus chinensis*	68∶29∶3	C/CS
紫藤 *Wisteria sinensis f. sinensis*	45∶28∶26	C/CSR
鸡血藤 *Spatholobus suberectus*	49∶27∶24	C/CSR
木蜡 *Toxicodendron sylvestre*	57∶30∶13	C/CSR
拔葜 *Smilax china*	56∶29∶15	C/CSR
野柿树 *Diospyros kaki* var. *silvestris*	49∶26∶25	C/CSR
黑果拔葜 *Smilax glaucochina*	45∶30∶25	C/CSR
香樟 *Cinnamomum camphora*	35∶60∶5	CS
山矾 *Symplocos sumuntia*	36∶59∶5	CS
竹叶花椒 *Zanthoxylum armatum*	48∶35∶17	CS/CSR
山莓 *Rubus corchorifolius*	35∶47∶18	CS/CSR
楮 *Broussonetia kazinoki*	36∶48∶16	CS/CSR
三叶木通 *Akebia trifoliata*	38∶50∶13	CS/CSR
刺楸 *Kalopanax septemlobus*	50∶39∶11	CS/CSR
红叶野桐 *Mallotus paxii*	47∶39∶15	CS/CSR
紫弹树 *Celtis biondii*	31∶32∶37	CSR

（续）

物种名称	C∶S∶R（%）	生态策略
铁仔 *Myrsine africana*	4∶96∶0	S
檵木 *Loropetalum chinense*	14∶86∶0	S
络石 *Trachelospermum jasminoides*	13∶87∶0	S
柞木 *Xylosma racemosum*	12∶84∶4	S
青冈栎 *Cyclobalanopsis glauca*	24∶76∶0	S/CS
海金子 *Pittosporum illicioides*	24∶76∶0	S/CS
柯 *Lithocarpus glaber*	34∶66∶0	S/CS
油茶 *Camellia oleifera* var. *oleifera*	27∶73∶0	S/CS
黄檀 *Dalbergia hupeana*	19∶76∶5	S/CS
苦槠 *Castanopsis sclerophylla*	25∶73∶2	S/CS
白马骨 *Serissa serissoides*	12∶78∶10	S/CS
冬青 *Ilex chinensis*	30∶64∶5	S/CS
石岩枫 *Mallotus repandus*	29∶56∶16	S/CSR
牯岭蛇葡萄 *Ampelopsis heterophylla* var.	33∶56∶11	S/CSR
忍冬 *Lonicera japonica*	23∶57∶20	S/CSR

注：平均 S∶C∶R=56∶34∶10，C/CSR。

31 种木本植物主要在 C－S 轴上产生权衡分化（图 6－2）。CSR 策略植物在 C、S、R 三种策略上投资均衡，但这种生态策略在天心阁青冈栎次生林中并不占优势，仅有紫弹树（C∶S∶R=31∶32∶37）一个物种。C/CSR、S/CSR 及 CS/CSR 策略的植物的在 C、S、R 三种策略上均有投资，同时在 C－S 策略轴上产生权衡分化，C/CSR 植物在 C 策略上投资更多，例如紫藤（C∶S∶R=45∶28∶26）和木蜡（C∶S∶R=57∶30∶13）；S/CSR 植物在 S 策略上投资更多，例如忍冬（C∶S∶R=23∶57∶20）；CS/CSR 策略植物较为平衡，例如楮（C∶S∶R=36∶48∶16）。同样在 C－S 策略轴上产生权衡分化的还有 C/CS 与 S/CS 策略，相较于前组，这组策略在 R 策略上投资占比极小，C/CS 策略的植物以 C 策略投资为主，例如盐肤木（C∶S∶R=68∶29∶3）；而 S/CS 策略植物以 S 策略投资为主，例如青冈栎（C∶S∶R=24∶76∶0）。采用 S 型生态策略的植物则是极端类型，它们几乎只 S 策略上投资，例如铁仔（C∶S∶R=4∶

96：0）。采用 CS 型生态策略的植物则几乎只在 C 策略与 S 策略上投资，在 R 策略上投资极少，例如香樟（C：S：R=35：60：5）。

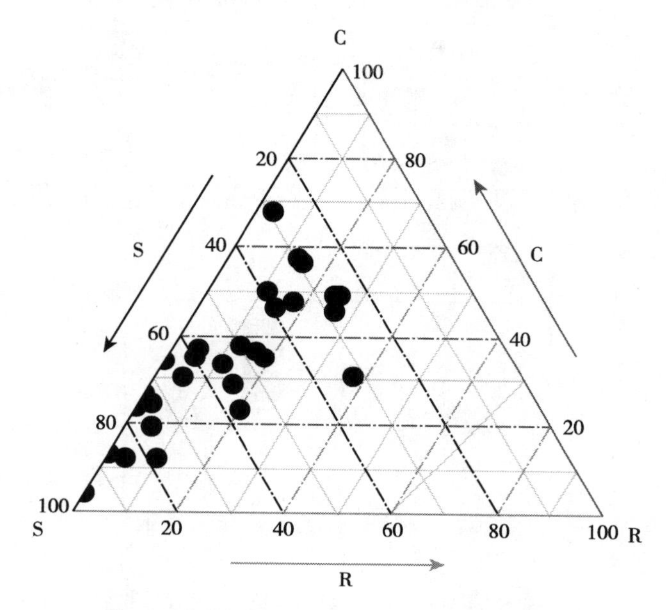

图 6-2　林下主要木本植物 CSR 策略三元图

6.2.3　不同生态策略植物的叶功能性状

对 8 种不同生态策略植物的功能性状进行差异性检验（Tukey，$P<0.05$，图 6-3），结果表明不同生态策略植物在 LA、LDMC 以及 SLA 三个性状上差异性显著，在 LNC 及 LPC 上差异性不显著。

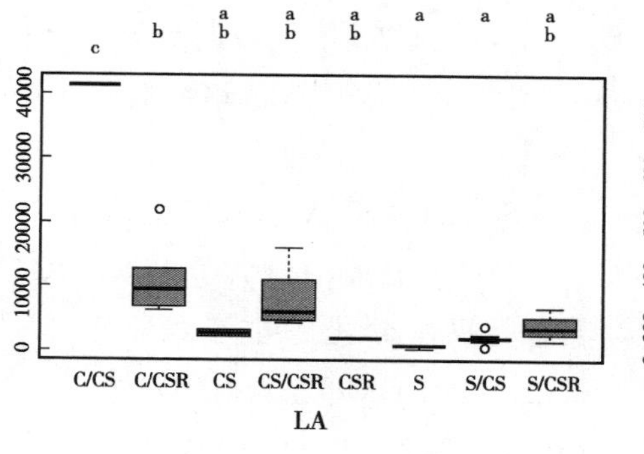

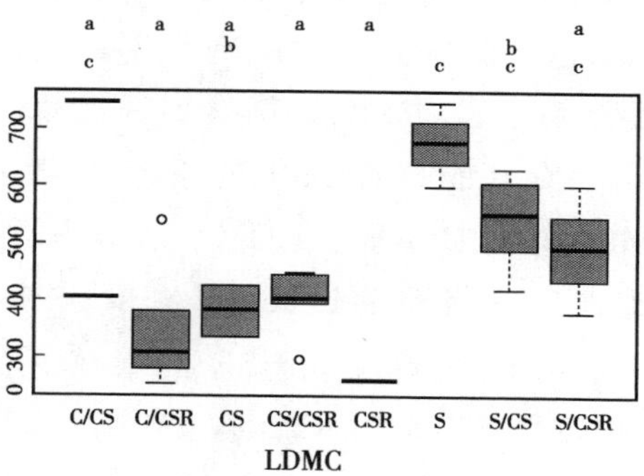

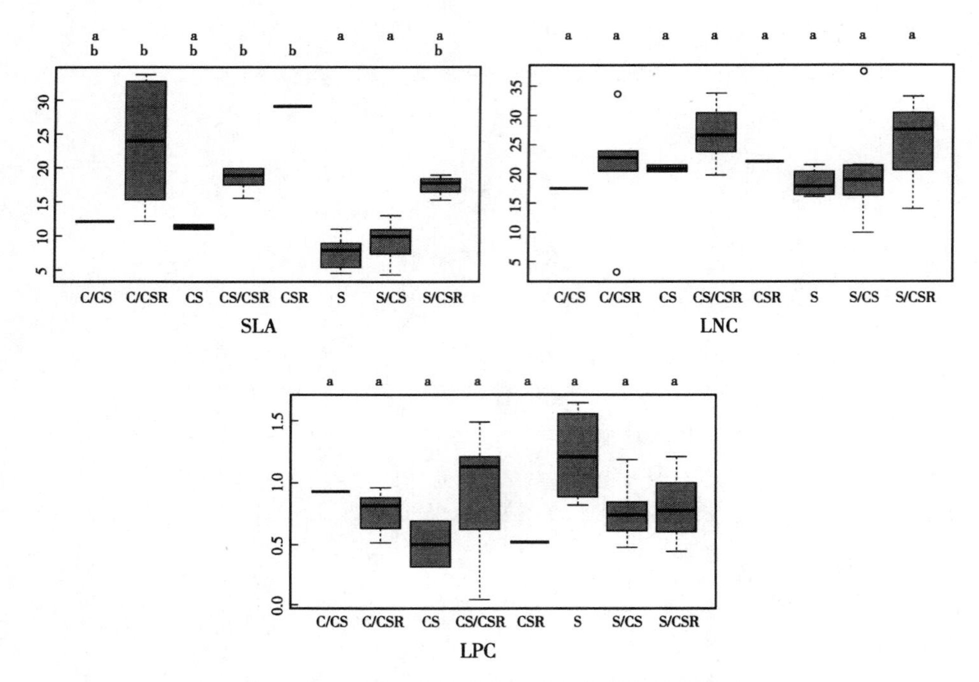

图 6－3　不同生态策略的叶功能性状差异性检验

C/CS、CS、S 及 S/CS 四个均在 R 策略上投资甚少的生态策略在 LA 及 LDMC 上具有显著性差异，在叶面积上表现为 $LA_{S/CS}>LA_{CS}>LA_{S/CS}>LA_{S}$，在叶干物质含量上表现为 $LDMC_{S}>LDMC_{S/CS}>LDMC_{C/CS}\geqslant LDMC_{CS}$，它们的 SLA 差异性则不显著。从 C/CSR、CS/CSR、S/CSR 以及 C/CS、S/CS 这两组在 C－S 策略轴上权衡分化的生态策略来看，$LA_{C/CSR}\geqslant LA_{CS/CSR}\geqslant LA_{S/CSR}$，$LDMC_{S/CSR}\geqslant LDMC_{CS/CSR}\geqslant LDMC_{C/CSR}$；$LA_{C/CS}>LA_{S/CA}$，$LDMC_{S/CS}\geqslant LDMC_{C/CS}$。它们都呈现出随 C 到 S 策略的过渡、LA 逐渐缩小、LDMC 逐渐增加的规律。从 C/CSR、CS、S/CS 这组在 S－R 策略轴上的权衡分化的生态策略来看，$LA_{C/CSR}>LA_{CS}>LA_{S/CS}$，$LDMC_{S/CS}>LDMC_{CS}\geqslant LDMC_{C/CSR}$，$SLA_{C/CSR}>SLA_{CS}\geqslant SLA_{S/CS}$。它们表现出随 R 到 S 策略的过渡、LA 和 SLA 减少 LDMC 增加的规律。从 C/CS、C/CSR 及 S/CS、S/CSR 两组在 R 策略轴上权衡分化的生态策略来看，$LDMC_{C/CS}>LDMC_{C/CSR}$，$SLA_{C/CSR}>SLA_{C/CS}$，$LDMC_{S/CS}\geqslant LDMC_{S/CSR}$，$SLA_{S/CSR}>SLA_{S/CS}$，它们都呈现出 R 策略占比越高、LDMC 减少而比叶

面积SLA增加的规律。CSR是所有生态策略类型种在C、S及R策略中投资最为均匀的生态策略，其表现出低LDMC与高SLA的特征，这与以S策略投资为绝对主导的S型生态策略植物具有显著性差异，S型策略植物表现出高LDMC及低SLA的特征。

6.2.4　生态策略与相对重要值

通过计算分析，湘西天心阁青冈栎次生林中8种生态策略植物的相对重要值总和如表6-4。同时在C、S策略上投资并以S策略投资为主导的S/CS型植物的相对重要值总和远高于其他生态策略，为41.52%；其次为S型植物，为14.55%。CS型植物及CSR型植物相对重要值最低，仅为2.34%与2.59%。

表6-4　不同生态策略类型的相对重要值

序号	生态策略类型	相对重要值总和（%）
1	C/CS	3.05
2	C/CSR	8.74
3	CS	2.34
4	CS/CSR	10.08
5	CSR	2.59
6	S	14.55
7	S/CS	41.52
8	S/CSR	4.27

对湘西天心阁青冈栎次生林林下主要木本植物的相对重要值及三种策略投资进行相关性分析（表6-5），结果表明，S策略、R策略与相对重要值之间相关性显著（$P<0.05$），其中，相对重要值与S策略呈正相关，与R策略呈负相关。相对重要值与C策略不相关。

表6-5　生态策略与相对重要值的相关性

	C策略C%	S策略S%	R策略R%
相对重要值IV	−0.290	0.381**	−0.383**

注：双尾检验，$P<0.05$用**标注。

6.3 讨论

在 CSR 理论中，C（Competitor）代表着在高资源、低干扰的环境中能迅速抢占资源的物种特性，C 策略植物往往具备很高的资源竞争能力；S（Stress tolerator）则代表在逆境中存活的物种特性，它更多地表现在低生产力或高大长寿的植物中，S 策略植物往往具备高胁迫忍耐能力；R（Ruderal）则代表物种具有一定杂草特性，即将获得的资源迅速而大量地投入繁殖中，以此抵消干扰环境对种群的影响，这样的特性使它们在高干扰的环境中能抢占先机，具备很强的抗干扰能力。C、S 及 R 策略植物均为极端类型，现实中的物种在三种策略中进行权衡以达到适应当前生境的平衡。

湘西天心阁青冈栎次生林中存在多种生态策略，利用 CSR 策略模型将林下 31 种林下主要木本植物分为 8 种生态策略，分别为 C/CS 型策略、C/CSR 型策略、CS 型策略、CS/CSR 型策略、CSR 型策略、S 型策略、S/CS 型策略以及 S/CSR 型策略。其中，S/CS 型策略包含 8 个物种，占比 25.8%，为主导策略。其次为 C/CSR 型策略、CS/CSR 型策略及 S 型策略，分别包含 6 个（19.4%）、6 个（19.4%）及 4 个（12.9%）物种。这与福建三明自然保护区中 S/CSR 型策略和 CS/CSR 型策略（34.1%和 32.3%）占主导的情况不完全一致。相较于福建三明自然保护区，天心阁青冈栎次生林的主导策略减少了 R 策略的投资占比。R 策略代表着植物的杂草特性与抗干扰能力，天心阁林场自 20 世纪 80 年代以来封山育林，长时间基本无人为干扰，林内环境稳定，因此植物减少 R 策略投资以提高 C、S 策略投资占比更有利于物种对当前环境的适应。

31 种植物主要在 C－S 轴上产生分化，其中间生态策略为 C/CSR（S∶C∶R＝56∶34∶10），这与 Pierce 等人认为湿润区亚热带常绿阔叶林的中间生态策略为 CS/CSR[10] 的研究结果不一致，这可能与研究尺度不一有关。前者的研究以全球气候带为单位，每个气候带包括多种演替阶段的林分及多个生活型植物，而小尺度下植物生态策略与立地条件关系更紧密。天心阁青冈栎林郁闭度大，植物普遍需要在资源竞争能力（C）上进行投资以争取有限的光资源，因此中间策略向C端偏移。

所测的叶功能性状变化范围大，结果显示，LA具有最高的种间变异性，LNC具有最低的种间变异性，说明LA容易受到环境影响而发生变化，LNC则相对稳定，这与吴漫玲等人在湖北星斗山进行的研究结果一致。8种不同生态策略的植物在LA、LDMC与SLA上产生显著差异，LNC与LPC无显著差异。LNC与植物光合速率息息相关，林下木本位于垂直结构下端，受高大树木林冠遮挡而光照不足从而影响光合速率及LNC；LPC则是受到土壤中磷素限制而普遍偏低。研究表明，高SLA表明树种采用资源获取性策略，具有快速投资收益能力，而高LDMC表明树种采用保守性策略，构建成本高，投资收益慢。无论是C/CS、C/CSR或者S/CS、S/CSR这两组在R策略轴上分化的策略，还是C/CSR、CS或者S/CS这一组在S－R策略轴上分化的策略，均表现出靠近R策略一端的植物具有低LDMC、高SLA的特点，即R端植物更多地采用资源获取型策略。而C/CSR、CS/CSR、S/CSR或者C/CS、S/CS这两组在C－S策略轴分化的策略则表明靠近S策略一端的植物具有高LDMC、低SLA特征，即S端植物更多采取保守型策略。S策略以植物生存为主要目的，因而保持较高LDMC水平维持基本新陈代谢及叶片营养水平、减少水分流失，以此提高在不利环境中的生存能力。R策略植物倾向于以高繁殖能力抵消干扰的影响，因此R策略植物倾向于以高SLA快速收获资源收益以维持强大的繁殖力。

从群落组成上看，天心阁青冈栎次生林中相对重要值最高的生态策略是S/CS型，其次为S型，均更靠近S策略。林下31种主要木本植物的相对重要值与S及R策略相关（$P<0.05$），且与S策略呈正相关，这与亚热带常绿阔叶林演替中后期的情况一致。一般来说，在资源丰富且环境波动大的环境中，抗干扰能力及繁殖力强的R策略物种能抢占生存先机；在光资源充足且环境稳定的环境中，能优先占据资源的C策略植物能更好地生长。天心阁青冈栎次生林养分条件并不优越，特别是土壤有效磷含量平均仅为3.19mg/kg，虽然林分环境稳定，但光资源及养分均不足，植物生长与繁殖受到限制，因此，在代表着胁迫忍耐能力的S策略上投资大的物种更有生存优势（石朔蓉，2022）。

第7章 青冈栎次生林土壤活性有机碳对间伐强度的响应

土壤容纳生态系统中约2/3的碳，是全球最大的碳汇。土壤有机碳与森林生态系统的物质循环和能量流动密切相关，但土壤有机碳总量的变化非常缓慢，很难在短期内观测到它的细微变化。土壤活性有机碳是土壤有机碳中周转速率较快，分解速度较强的部分，它直接参与土壤中碳循环的生态过程，为微生物活动提供能量与养分。土壤活性有机碳占土壤总有机碳的比例虽然较低，但能反映出土壤管理措施和环境改变所引起的土壤碳库的波动，更有助于研究土壤有机碳早期的动态变化、维持土壤碳库平衡，已经成为森林可持续经营重要参考指标之一。

研究表明，间伐通过调控林分密度和结构改变了森林生态系统内的小气候，增加了土壤温度、减少了土壤湿度，影响土壤含水量、容重、养分等物化性质。而土壤活性有机碳含量主要受土壤有机碳含量的影响和土壤温湿度等的调控，土壤的生物化学性质对土壤有机质的分解与转化至关重要。近年来，间伐对土壤有机质及其活性组分的影响得到了一些研究结论，Chen等人分析了77项已发表的森林间伐的研究，发现间伐后森林土壤碳储量明显高于其他地区；而Zhang等分析发现间伐对土壤总有机碳和土壤微生物量碳没有显著的影响，但提高了土壤全氮含量；Kim等强调间伐后土壤性质的改变影响了栎树和落叶松林的土壤微生物量。Ma等发现中等间伐强度下土壤有机质含量与易氧化有机碳含量最高，且易氧化有机碳是土壤有机质改变的主要驱动力。因此土壤有机碳库及其活性碳库的变化对评价间伐后森林土壤生产的稳定性和可持续性至关重要。

青冈栎是我国亚热带常绿阔叶林的主要优势树种之一，湖南省慈利县天心阁林场青冈栎次生林多为萌生矮林，严重影响森林系统服务功能。探讨不同间伐强度对土壤活性有机碳含量（土壤微生物量碳、可溶性有机碳、颗粒有机碳和易氧化有机碳）及其在土壤总有机碳中比例的影响，可进一步了解间伐后林地土壤活性有机碳的变化特征，以期为青冈栎次生林的可持续经营提供基础数据（齐梦娟，2021）。

7.1 研究方法

7.1.1 样地设置

2018年7月，在天心阁林场选取坡度、坡向及海拔相似的样地，根据间伐蓄积量与样地总蓄积量之比进行间伐作业，按照随机区组设计，设置4种间伐处理：弱度间伐（15%，LIT）、中度间伐（30%，MIT）、强度间伐（50%，HIT）以及对照（0，CK）。在四种间伐处理的样地内，分别设置40m×25m的试验样地并重复三次。样地基本信息如表7-1所示。

表7-1 样地基本概况

处理	坡向	坡度(°)	平均海拔(m)	林分密度(n/hm^2)	平均胸径(cm)	平均树高(m)	郁闭度	灌木层盖度(%)	草本层盖度(%)
CK	东偏北28°	25°	177	1 371	10.93	11.75	0.95	30.13	13.33
LIT	东偏北30°	23°	173	1 264	12.55	10.14	0.85	30.07	36.87
MIT	东偏北29°	24°	189	1 109	12.07	11.56	0.75	52.10	34.90
HIT	东偏北26°	25°	169	1 055	13.16	12.07	0.6	57.13	51.57

7.1.2 样品采集

2020年8月下旬，采用分层多点混合取样法，在12块样地进行采样。每个处理样地内随机设置5个取样点，去除地表凋落物后进行土样取样，按0～10cm、10～20cm、20～30cm分3层采集土样，将同一样地同一土层的5个土壤样品充分混匀并去掉土壤中可见植物根系、残体和碎石，后按四分法去除多余土样，用自封袋带回实验室分析。取一部分土壤置于冰箱中4℃保存，用于测定土壤微生物量碳和可溶性有机碳，其余土壤风干后过 2mm 土筛用于测定其余指标。

7.1.3 土壤样品测定

土壤含水率采用烘干法测定；土壤 pH 使用无 CO_2 的蒸馏水，土水比 1∶2.5 浸提采用 pH 计（FE28 型）测定；土壤总有机碳、氮含量使用元素分析仪（VARIO MAX CN by Germany Elementary）测定。

土壤微生物量碳采用氯仿熏蒸后用水体碳氮仪（Vario TOC）进行测定；可溶性有机碳采用 0.5mol/L 硫酸钾溶液浸提后用水体碳氮仪（Vario TOC）进行测定；颗粒有机碳采用 5g/L 六偏磷酸钠提取法测定；易氧化有机碳采用 333mmol/L 高锰酸钾溶液处理在 565nm 下比色测定。

7.1.4 数据分析

所有数据采用 Excel 2016 进行整理，用 SPSS 22.0 进行单因素方差分析（One - way ANOVA）、差异性检验和多重比较（LSD），显著水平设为 0.05。用 origin 2017 作图。相关性分析采用 Pearson 分析法。

7.2 结果与分析

7.2.1 不同间伐强度对土壤总有机碳含量的影响

由表 7 - 2 可知，不同间伐强度下各土层土壤总有机碳含量为 11.41～39.96g/kg。与对照处理（CK）相比，间伐处理后中度间伐（MIT）和强度间伐（HIT）下总有机碳含量增加，弱度间伐（LIT）下土壤有机碳含量降低，即 HIT＞MIT＞CK＞LIT。在 0～10cm 层，HIT 显著提高土壤有机碳含量，比 CK 和 LIT 处理高出 18.3％和 38.6％；MIT 比 LIT 高出 25.8％，HIT 与 MIT 处理间没有显著差异。在 10～20cm 层，不同间伐处理间没有明显差异。在 20～30cm 层，CK 有机碳含量最高，且与 HIT 存在显著性差异（$P<0.05$），与 LIT 和 MIT 无显著差异。在垂直剖面，总有机碳含量随着土层的加深而出现递减趋势，并且同一间伐强度下 0～10cm 层与 10～20cm 和 20～30cm 土壤有机碳含量差异显著（$P<0.05$）。

表 7-2　土壤基本理化性质

处理	土层（cm）	pH	含水率（%）	TC（g/kg）
CK	0～10	4.39±0.09Aa	18.21±2.90Aa	35.11±3.31Aa
	10～20	4.51±0.14Aa	17.27±2.21Aa	16.65±3.11Bb
	20～30	4.59±0.11Aa	17.38±2.53Aa	16.43±2.49Ba
LIT	0～10	4.49±0.23Aa	16.06±3.75Aa	36.26±5.05Aa
	10～20	4.58±0.19Aa	15.87±1.93Aa	16.89±0.44Bb
	20～30	4.65±0.20Aa	14.83±2.10Aa	14.20±1.29Bab
MIT	0～10	4.59±0.19Aa	21.13±4.46Aa	28.83±0.89Aa
	10～20	4.71±0.22Aa	18.37±3.12Aa	19.65±5.85Bb
	20～30	4.76±0.23Aa	18.18±3.25Aa	14.37±2.62Bab
HIT	0～10	4.78±0.17Aa	19.29±3.51Aa	36.63±6.14Aa
	10～20	4.87±0.20ABa	17.61±2.42Aa	19.14±5.32Bb
	20～30	5.09±0.03Ba	17.40±1.82Aa	11.50±1.25Bb

注：不同大写字母表示同一间伐强度不同土层之间差异显著（$P<0.05$）；不同小写字母表示同一土层不同间伐强度之间差异显著（$P<0.05$）。

7.2.2 不同间伐强度对土壤微生物量碳（MBC）的影响

由图 7-1 可知，不同间伐强度下各土层土壤微生物量碳含量在 35.02～137.48mg/kg。与 CK 相比，间伐处理后的土壤 MBC 含量随着间伐强度的增大而出现增加的趋势，即 HIT＞MIT＞LIT＞CK。在 0～10cm 土层，MIT 和 HIT 处理均与 CK 处理下的 MBC 含量存在显著差异，分别是 CK 的 156.3%和 166.5%（$P<0.05$），LIT 增加了 MBC 含量，与 CK 差异不显著；在 10～20cm，HIT 处理下 MBC 含量与 CK 和 LIT 差异显著，分别比 CK 和 LIT 增加了 48.2%和 58.3%（$P<0.05$），MIT 处理与其他处理间无显著性差异；在 20～30cm 土层，不同间伐处理与 CK 无显著性差异，且 3 种间伐处理间也无显著性差异。在垂直剖面，土壤 MBC 含量主要集中在 0～10cm 层，土壤 MBC 含量随着土层的加深而递减。且 0～10cm 土层与 10～20cm 和 20～30cm 土层 MBC 含量差异显著（$P<0.05$）。

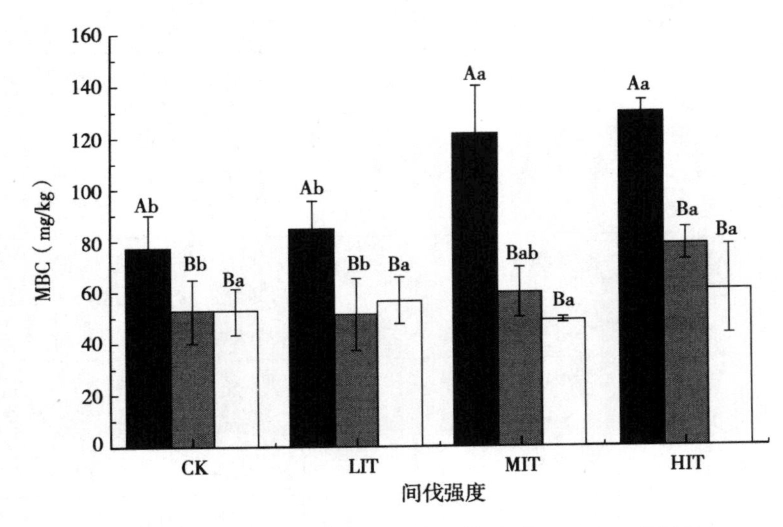

图 7－1　不同间伐强度对土壤微生物量碳（MBC）的影响

7.2.3　不同间伐强度对土壤可溶性有机碳（DOC）的影响

由图 7－2 可知，不同间伐强度下各土层土壤可溶性有机碳（DOC）含量为 79.93～239.21mg/kg。与 CK 相比，间伐处理后土壤 DOC 均显著性降低（P<0.05）。在 0～10cm 层，土壤 DOC 含量呈“先降低后升高”趋势，即 CK>HIT>MIT>LIT。CK 处理下土壤 DOC 含量显著高于其他间伐处理，比 LIT、MIT 和 HIT 高出 72.9%、51.7%和 48.8%（P<0.05）；在 10～20cm 和 20～30cm 层土壤 DOC 含量在不同间伐强度间无显著性差异。在垂直剖面，同一间伐强度下，0～10cm 层土壤 DOC 含量与 10～20cm 和 20～30cm 土壤 DOC 含量呈现显著性差异（P<0.05），即随着土层加深，土壤 DOC 含量下降。

7.2.4　不同间伐强度对土壤颗粒有机碳（POC）的影响

由图 7－3 可知，不同间伐强度下各层土壤颗粒有机碳（POC）含量为 2.51～16.22g/kg，与对照（CK）相比，LIT 降低了 POC 含量，MIT 和 HIT 增加了 POC 含量，即间伐后 POC 含量为 HIT>MIT>CK>LIT。在 0～10cm 土层，与 CK 相比，HIT 和 MIT 显著提高了 POC 的含量，分别比 CK 高出了

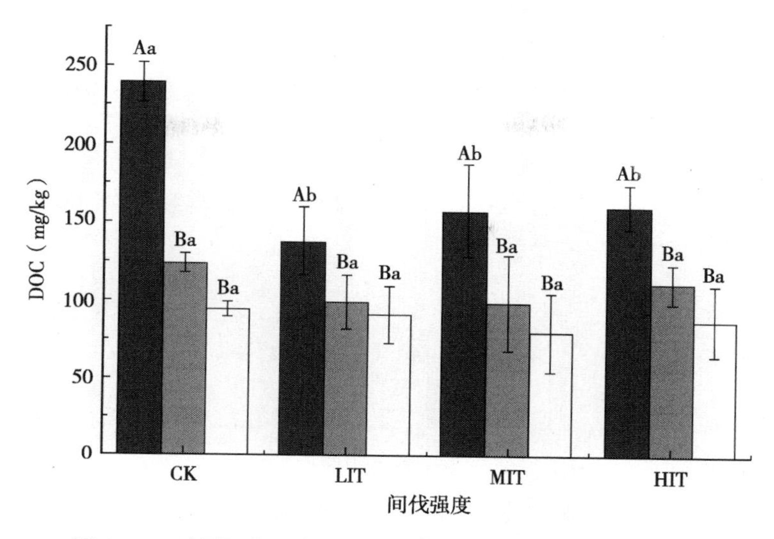

图7-2　不同间伐强度对土壤可溶性有机碳（DOC）的影响

61.3%和28.6%（$P<0.05$），LIT下POC的含量显著降低，是CK的34.5%（$P<0.05$）；在10～20cm土层，HIT显著提高了POC的含量，是CK的225.7%（$P<0.05$），MIT增加了POC含量，LIT降低了POC含量，差异不显著。在20～30cm，不同间伐强度间POC含量无显著性差异。在垂直剖面，不同间伐强度下随土层加深POC含量降低，0～10cm土层POC含量显著高于10～20cm和20～30cm，分别是他们的333.4%和168.3%（$P<0.05$）。

7.2.5　不同间伐强度对易氧化有机碳（ROC）的影响

由图7-4可知，不同间伐强度下各土层土壤易氧化有机碳（ROC）含量为0.85～7.62g/kg，与对照（CK）相比，间伐后ROC含量均有所增加，并出现随间伐强度的增大而增加的趋势。在0～10cm土层，ROC含量为HIT>MIT>LIT>CK，MIT和HIT显著提高了ROC的含量，分别为CK的204.6%和201.2%（$P<0.05$），LIT与CK间无显著差异；在10～20cm，HIT比CK增加了17.6%。在20～30cm，LIT和HIT分别比CK增加了12.1%和12.3%。在垂直剖面上，同一间伐强度下随土层加深ROC含量降低，且0～10cm层与10～20cm和20～30cm含量呈现显著差异（$P<0.05$）。

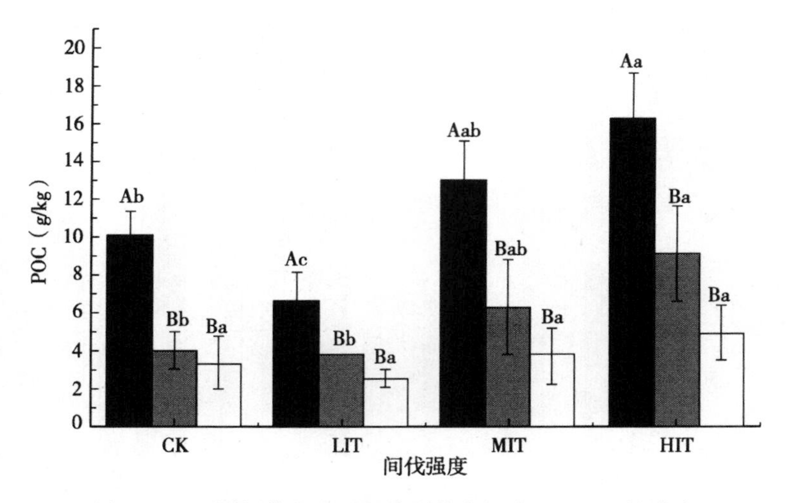

图 7-3　不同间伐强度对土壤颗粒有机碳（POC）的影响

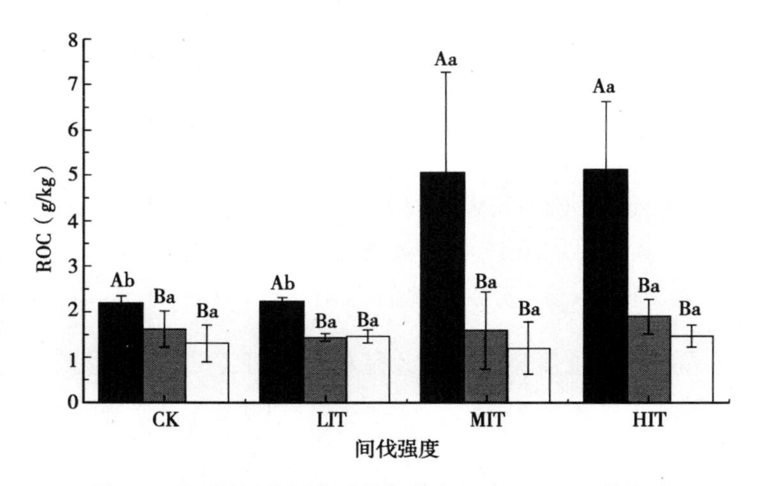

图 7-4　不同间伐强度对易氧化有机碳（ROC）的影响

7.2.6　不同间伐强度对土壤活性有机碳分配比例的影响

由表 7-3 可知，在 0～30cm，MBC 的分配比例为 0.23%～0.54%，在 0～10cm，MBC 分配比例随着间伐强度的增加出现先增后降的趋势，在 MIT 下 MBC 在土壤有机碳中的比例最高；在 10～20cm 和 20～30cm，MBC 分配比例随着间伐强度增加而增加。

在0～30cm，DOC的分配比例在0.40%～0.78%，间伐降低了DOC在总有机碳中的比例，DOC分配比例为CK>HIT>MIT>LIT。

在0～30cm，POC的分配比例在16.54%～47.30%。在0～10cm和10～20cm，POC在不同间伐处理下分配比例先降后升，MIT和HIT提高了POC在TOC中所占比例，LIT中POC所占比例则低于CK；在20～30cm土层，LIT、MIT和HIT均提高了POC在TOC中所占比例。

在0～30cm，ROC的分配比例在6.46%～14.29%，在0～10cm土层MIT和HIT显著提高了ROC在总有机碳中的比例；在10～20cm和20～30cm土层ROC在总有机碳中所占比例没有同一趋势，且相互之间没有显著性差异。

表7-3　不同间伐强度下土壤活性有机碳各组分分配比例（均值±标准误）

处理	土层深度（cm）	POC/TOC（%）	ROC/TOC（%）	MBC/TOC（%）	DOC/TOC（%）
CK	0～10	29.83±0.042Aab	6.46±0.01Ab	0.23±0.38Bb	0.71±0.19Aa
	10～20	24.95±0.084ABb	9.95±0.03Aa	0.32±0.28Aa	0.76±1.51Aa
	20～30	16.54±0.060Bb	8.07±0.03Aa	0.32±0.42Ab	0.59±1.27Aa
LIT	0～10	22.89±0.054Ab	7.67±0.01Aab	0.29±0.47Aab	0.48±0.88Ab
	10～20	20.40±0.050Ab	7.73±0.02Aa	0.27±0.87Aa	0.52±0.64Aa
	20～30	18.08±0.061Ab	10.47±0.03Aa	0.40±0.69Aab	0.65±1.53Aa
MIT	0～10	35.94±0.061Aa	14.29±0.07Aa	0.34±0.87Aa	0.45±1.34Ab
	10～20	37.20±0.153Aab	9.37±0.05Aa	0.33±0.77Aa	0.59±1.36Aa
	20～30	26.62±0.118Aab	8.54±0.05Aa	0.34±0.27Aab	0.56±1.35Aa
HIT	0～10	40.68±0.068Aa	12.85±0.04Aab	0.32±0.27Aab	0.40±0.46Bb
	10～20	47.30±0.050Aa	8.22±0.02Aa	0.40±1.22Aa	0.60±1.12ABa
	20～30	42.04±0.089Aa	12.72±0.01Aa	0.54±1.96Aa	0.78±2.20Aa

注：不同大写字母表示同一间伐强度不同土层之间差异显著（$P<0.05$）；不同小写字母表示同一土层不同间伐强度之间差异显著（$P<0.05$）。

7.2.7　土壤有机碳及活性组分与土壤理化因子相关性分析

由表7-4可知，土壤含水量与土壤ROC和POC极显著正相关（$P<0.01$）；与土壤TOC和MBC显著正相关（$P<0.05$）；土壤TN与土壤

MBC 显著相关（$P<0.05$），与土壤 TOC 及其他活性组分碳间呈极显著正相关（$P<0.01$）；土壤 C/N 比与 ROC、POC 和 MBC 表现为极显著正相关（$P<0.01$）。土壤 TOC 与其活性组分碳间呈极显著正相关（$P<0.01$）；除土壤 DOC，ROC 与 POC 和 MBC 两两之间成极显著正相关（$P<0.01$）；土壤 DOC 与 POC 和 MBC 显著正相关（$P<0.05$），与 ROC 相关性不显著。土壤 pH 与土壤活性有机碳组分相关性不显著。

表 7-4　土壤有机碳及活性组分与理化因子相关性分析

	pH	含水量	TN	C/N	TOC	ROC	POC	MBC
TOC	−0.395	0.592*	0.926**	0.804**				
ROC	−0.095	0.723**	0.747**	0.814**	0.898**			
POC	0.013	0.737**	0.771**	0.725**	0.886**	0.912**		
MBC	−0.238	0.596*	0.706*	0.859**	0.880**	0.949**	0.798**	
DOC	−0.542	0.373	0.817**	0.548	0.817**	0.563	0.672*	0.593*

注：*，$P<0.05$；**，$P<0.01$。

7.3　结论与讨论

青冈栎次生林土壤有机碳主要聚集在土壤表层，随着土层的加深而下降，符合一般规律。有研究发现，间伐提高了土壤有机碳含量。本研究中，随着间伐强度增大土壤有机碳含量呈先降后升的趋势，原因可能为本研究区优势树种为青冈栎，且多为萌生矮林，凋落物数量少，而凋落物又是土壤有机碳的重要来源，强度间伐（50%）极大提高了林下灌木与草本种类覆盖度（表 7-1），为微生物提供碳源，补充了森林表层有机碳。C/N 反映微生物对有机碳的矿化分解速率，在弱度间伐（15%）下土壤 C/N 比明显低于对照林地，加快土壤有机碳的分解，且低植被覆盖度减少了碳源的输入，导致在弱度间伐（15%）下有机碳含量下降。

有研究表明，间伐处理下土壤颗粒有机碳（POC）含量明显高于对照林地，本研究表明，强度间伐（50%）显著提高了土壤颗粒有机碳（POC）含量，弱度间伐（15%）降低了其含量，与土壤总有机碳的变化一致（图7-1）。原因可能为颗粒有机碳（POC）在总有机碳中的分配比例最高，而且植物凋落物的分解是颗粒有机碳（POC）的主要来源，间伐短期林窗促进了林下植被的发育，灌草凋落物的增加补充了乔木层碳含量的损失。不同间伐强度下易氧化有机碳分配比例随着土层加深出现先降后升的现象（表7-3）。可能是因为一方面相比于高郁闭度对照林地，间伐改善了林内环境提高了灌草层覆盖度，草本植物细根系发达，主要集中在表层，根系分泌物及其自身的分解为微生物提供了丰富的能源物质，所以0～10cm层易氧化有机碳含量较高；另一方面，易氧化有机碳与土壤含水量相关性极显著，中度间伐与强度间伐下土壤含水率高，易氧化有机碳（ROC）随着水分下渗到了20～30cm土层，被微生物固持，导致易氧化有机碳的含量变高。

土壤微生物量碳（MBC）含量随间伐强度的增加而出现增加的趋势，与雷蕾等研究马尾松林土壤微生物群落的结果相反，这可能是因为马尾松是先锋树种，木质素含量与C含量高，凋落物分解慢，青冈栎凋落物中木质素含量低，加快了凋落物的分解，改善了土壤质量，提高了土壤微生物的活性。但土壤微生物量碳（MBC）在总有机碳中的分配比例低，表明土壤微生物量碳含量在很大程度上依赖于总有机碳及其他活性有机碳组分的分解与转化。本研究显示相比于对照处理，间伐后土壤可溶性有机碳（DOC）的含量下降，且不同间伐强度间土壤可溶性碳（DOC）含量差异不显著。可能是因为土壤可溶性有机碳（DOC）既是微生物新陈代谢的产物又是微生物可利用的底物。微生物能快速利用水溶性碳转换成自身生物量碳，间伐引起的温度湿度变化促进微生物呼吸，加速对凋落物的分解，补充土壤中可溶性碳含量，以抵消间伐引起的土壤可溶性碳的变化。可溶性有机碳（DOC）相比于其他活性碳组分，其含量与所占有机碳比例显著低于颗粒有机碳（POC）和易氧化有机碳（ROC）（表7-3），所以间伐后颗粒有机碳（POC）和易氧化有机碳（ROC）含量的增加抵消了可溶性有机碳（DOC）含量的降低，使得间伐后土壤活性有机碳含量增加。

对比不同间伐处理下颗粒有机碳（POC）和易氧化有机碳（ROC）在总有机碳中的分配比例发现，颗粒有机碳（POC）与易氧化有机碳

（ROC）在土壤有机碳中的分配比例较高，表明这两种活性碳组分更能有效地表示土壤碳库的活跃度。而且颗粒有机碳（POC）的分配比例范围远大于易氧化有机碳（ROC），说明颗粒有机碳（POC）对间伐处理的变化更加敏感。这与翟凯燕等对马尾松土壤活性有机碳的研究结果不同，翟凯燕等研究发现易氧化有机碳（ROC）对间伐处理更为敏感，这可能与植被类型、林分演替阶段及土壤条件有关，有待进一步研究凋落物分解与土壤颗粒有机碳（POC）与易氧化有机碳（ROC）的关系。中、强度间伐后土壤活性有机碳的含量明显增加，可能是因为活性有机碳库受季节影响较强，在秋冬季节达到高峰，而本次取样时间为 8 月，且产生的林窗会增加林地表面光照促进林下植被的发育，土壤微生物活性增强，凋落物分解加快，增加了活性有机碳在总有机碳库中的占比。

第 8 章　基于森林功能分区的经营小班划分

在环境问题受到全球普遍重视、国内资源危机与生态环境恶化日益严重以及森林可持续经营和生态系统经营思想指导下，人们对森林作用的认识越来越全面，在采伐森林资源的同时要充分考虑森林的社会效益和生态效益。为了更好地保护森林资源，充分发挥森林的经济效益、生态效益和社会效益，促进人与自然和谐相处，必须采取合理有效的森林经营措施。1998 年，抚育采伐和低强度择伐已经在我国的天然林保护工程得到了广泛的应用。同时，20 世纪 80 年代末，国家林业局与其所属的国有林场的经营者们，针对目前我国森林资源现状，提出我国森林资源经营过程中，不仅要考虑木材采伐，也应注意森林的抚育和更新演替，经营小班有助于采伐、抚育和更新演替的统一。经营小班划分不是一般的小班区划，它是将森林分类、立地条件、经营目标相同的林分划分为同一个经营小班，针对划分的经营小班采取相应森林经营措施，使林地生产力得到最大程度的利用，更好地发挥森林的经济效益、生态效益和社会效益。

森林经营小班划分不仅有利于森林资源监测、管护，而且能够为森林经营管理措施的有效实施提供便利条件。经营小班划分是指将立地条件、林分特征与测树因子基本相同，经营目的相同，可以采取相同经营措施的林分划分为一个整体。经营小班不仅具有林学上的特征，而且具有经营上的特点，它是一个森林生态系统的基本经营管理单位。经营小班划分完成，便于一系列森林经营管理措施的实施，能更好地发挥森林的作用，实现森林多元化的目标。简晓丹以黑龙江穆棱林业局为例，小班经营划分后采取适宜的经营措施，经营小班的林地生产力得到提高，森林的经营能力增强，经济效益增加，林分质量提高，生态功能强化；莫小勇以雷州林业局为实例，采取集约小班经营，能够更好地发挥森林的经济效益、生态效益和社会效益。虽然经营小班在森林的经营中发挥着重要作用，但是其普及的范围较小（王建军，2020）。

本研究以湖南省慈利县为研究对象，基于慈利县二类调查数据，根据小班主导功能的差异以及小班林种的种类与坡度的不同，将慈利县森林划分为特殊生态公益林区、一般生态公益林区、限制性商品林区、一般性商品林区四类功能区；基于四类森林功能区划，根据当地树种分布情况，将其分为杉木（Cunninghamia lanceolata）林、马尾松（Pinus massoniana）林、软阔林、硬阔林、经济林以及灌木林六类，形成不同的经营小班。在地理信息系统的支持下，绘制慈利县森林功能分区图和经营小班划分图。

8.1 研究方法

8.1.1 数据来源

本研究采用湖南省慈利县 2008 年二类调查数据。慈利县有小班数量 90 352 个，其中乔木林地小班数量 62 415 个，灌木林小班数量 4 873 个，非林地小班数量 18 191 个。二类调查的数据不仅包括坡度、坡向、坡位、海拔、土层厚度等立地因子，优势树种、郁闭度、林种、龄级等林分因子，还包括森林的功能，样地森林亚种等因子。

8.1.2 森林功能分区

森林功能分区划分方法有很多种，包括自然综合划分法、空间发展类型划分法、主成分分析法、系统聚类法、矩阵判断法、叠加分析法和缓冲分析法等，从定性的研究到定量分析方法均有应用。本研究主要定性描述森林功能分区，其通过量化指标、条件和限制描述划分为以下几类，其分区条件如表 8－1 所示：

表 8－1 森林功能分区

代码	森林功能区	量化指标、条件和限制描述	经营模式
I	特殊生态公益林区	• 坡度＞45°的水土保持林 • 试验林中不进行任何作业的对照林 • 坡度 45°以上的特殊地区国防林	严格保护、封山育林

（续）

代码	森林功能区	量化指标、条件和限制描述	经营模式
II	一般生态公益林区	• 坡度在45°以下的水土保持林、水源涵养林 • 坡度在45°以下的国防林 • 特殊科学经营试验林区（不能进行皆伐作业） • 母树林 • 护路林 • 防火林 • 护岸林	可抚育性采伐的生态公益林
III	限制性商品林区	• 坡度在25°以上的用材林 • 坡度在25°以上特殊经济林、特殊油料林（不能进行垦复、整地等措施） • 一般科学经营试验林区（满足科研需要）	中周期人工用材林、长周期珍贵树种用材林（单株择伐）、油料林，长周期珍贵树种用材林
IV	一般性商品林区	• 不属于其他三类的、无特殊限制的用材 • 经济林	镶嵌状小面积皆伐、择伐（短周期工业用材林）

I：特殊生态公益林区：具有保护性质的功能区域，实行严格保护。
II：一般生态公益林区：可进行经营性采伐的生态公益林区域。
III：限制性商品林区：可进行收获性采伐，但受一定条件和经营措施限制。
IV：一般性商品林区：不受特定功能限制的区域为纯用材生产区域。

本研究根据功能区的划分结果，在ARCGIS软件的支持下，构建湖南省慈利县的森林功能分区分布图。

8.1.3　森林经营小班划分

经营小班划分是指在作业区和林班区划的基础上，把一个经理小班或者某些林学特征相似的几个相邻的经理小班，补充化为一个经营小班，使区域经营小班不仅具有林学上的特征而且具有经营上的特点，从而构成一个森林生态系统的基本经营单位。其划分的主要条件包括土地类别、权属、森林分类、林种、优势树种、龄组、林分类型、疏密度与郁闭度、坡度级等。

本研究在森林功能分区的基础上，根据小班树种种类划分经营小班，主要包括四大类：针叶树种、阔叶树种、经济树种以及灌木。其中针叶树种分为杉木组树种和马尾松组树种，阔叶树种分为硬阔树种和软阔树种（表8-2）。

表 8-2 经营小班划分

	种类	树种	编号
针叶树种	杉木组树种	杉木	310000
		柳杉	320000
		水杉	330000
	马尾松组树种	马尾松	220000
		湿地松	261000
		黄山松	270000
阔叶树种	软阔树种	杨树组	530000
		枫香	480000
		柳类	535000
		桦类	420000
		木荷	470000
		泡桐	540000
		椿树	591000
	硬阔树种	椴类	510000
		栎类	410000
		樟类	440000
		楠类	460000
		榉类	491000
		檀类	493000
经济树种	经济树种	果树类	700000
		食用原料树组	750000
		经济林类	800000
灌木	灌木组	灌木组	900000

8.2 结果与分析

8.2.1 慈利县森林功能分区图

森林主要功能包括生产功能、生态保护与社会功能。森林的生产功能主要是为人类提供木材及其副产品，满足人们的生活需要；生态功能主要是保障国土生态安全，改善环境条件以及维护物种多样性；森林的社会功能最为复杂，影响面极广，涵盖了社会经济发展的整个层面。森林功能分区是经营者根据森林给定的功能标准以及立地条件等因素划分其功能，分区的主要目的是根据不同的功能区实施不同的作业类型，充分发挥森林的生产、生态和社会功能。

对于有林地，综合考虑坡度、森林功能以及树种类型等限制条件，按照表 8－1 中的经营特征指标和限制条件，将森林分为：特殊生态公益林区、一般生态公益林区、限制性商品林区以及一般性商品林区。慈利县森林功能分区结果如图 8－1 所示。

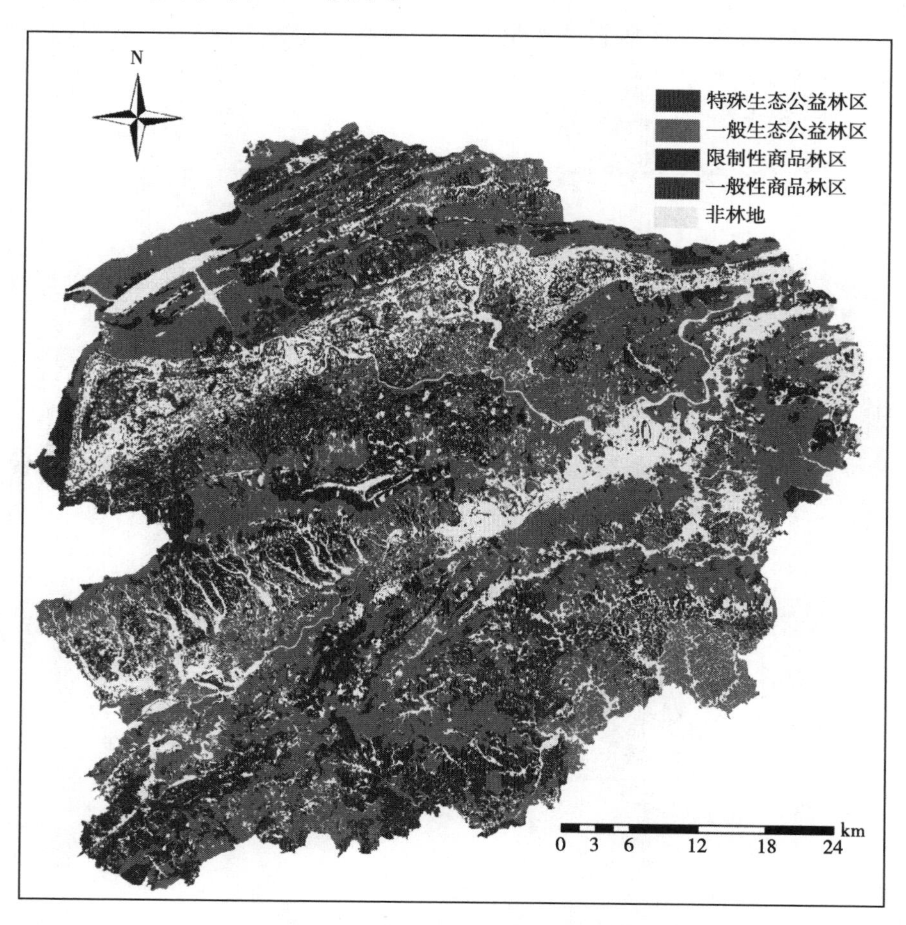

图 8－1　慈利县森林功能分区图

8.2.2 慈利县森林经营小班划分图

在森林功能区划的基础上，根据小班树种种类划分经营小班，主要分为以下 22 种：其中特殊生态公益林区包括杉木、马尾松、软阔林、硬阔林和灌木林 5 种，一般生态公益林区包括杉木、马尾松、软阔林、硬阔林和灌木林 5 种，限制性商品林区包括杉木、马尾松、软阔林、硬阔林、经济林和灌木林 6 种，一般性商品林区包括杉木、马尾松、软阔林、硬阔林、经济林和灌木林 6 种。慈利县森林经营小班划分如图 8－2 所示。

对不同功能区内的树种分布情况进行分析，其各个功能区内的树种组成及分布情况如表 8－3、表 8－4、表 8－5、表 8－6 所示。

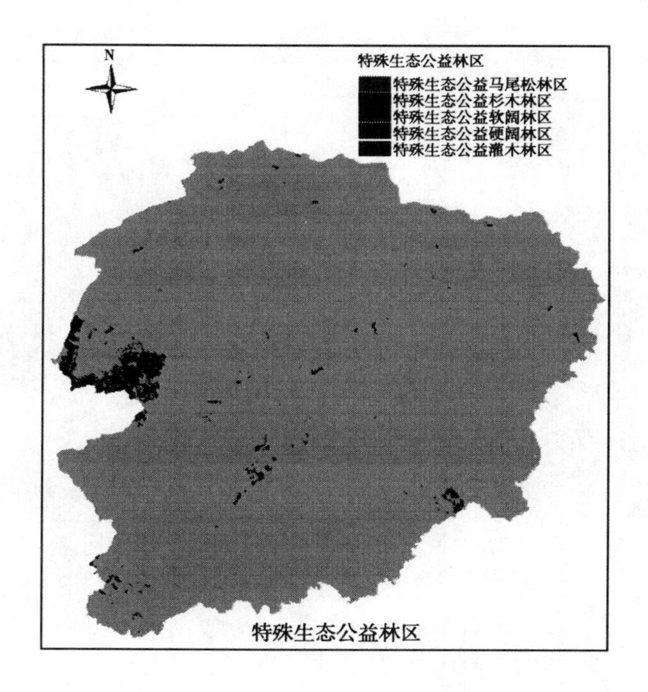

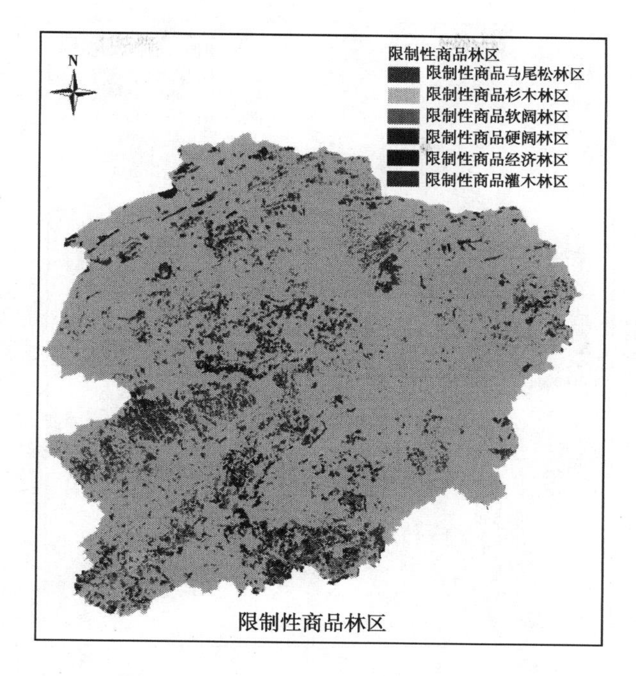

限制性商品林区

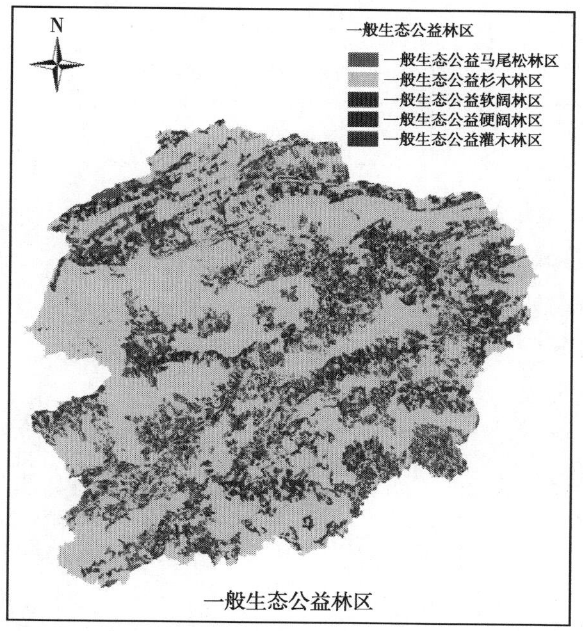

一般生态公益林区

图 8-2 慈利县森林经营小班划分示意图

表 8-3 特殊生态公益林区及分布

类型	小班数	面积总和（hm^2）
特殊生态公益杉木林区	141	5.07
特殊生态公益马尾松林区	156	5.99
特殊生态公益软阔林区	63	2.79
特殊生态公益硬阔林区	309	13.56
特殊生态公益灌木林区	580	28.20

表 8-4 一般生态公益林区及分布

类型	小班数	面积（hm^2）
一般生态公益杉木林区	6 732	336.82
一般生态公益马尾松林区	7 374	374.62
一般生态公益软阔林区	2 103	99.07
一般生态公益硬阔林区	4 069	199.53
一般生态公益灌木林区	4 384	225.23

表 8-5　限制性商品林区及分布

类型	小班数	面积（hm^2）
限制性商品杉木林区	3 812	112.08
限制性商品马尾松林区	3 817	149.15
限制性商品软阔林区	1 201	47.39
限制性商品硬阔林区	2 839	153.50
限制性商品经济林区	1 615	35.53
限制性商品灌木林区	1 047	50.37

表 8-6　一般性商品林区及分布

类型	小班数	面积（hm^2）
一般性商品杉木林区	6 252	110.85
一般性商品马尾松林区	6 611	192.79
一般性商品软阔林区	2 497	45.84
一般性商品硬阔林区	3 582	106.33
一般性商品经济林区	7 296	117.35
一般性商品灌木林区	810	23.26

8.3　结论与建议

慈利县森林功能分区结果显示，慈利县森林资源分为特殊公益林区、一般公益林区、限制性商品林和一般性商品林。公益林面积大于商品林面积。其中公益林包括特殊公益林区和一般公益林区，面积为 1 290hm^2；商品林包括限制性商品林和一般性商品林，面积为 1 144hm^2。一般公益林面积最大，面积为 1 236hm^2，占森林总面积的 50.8%。经营小班划分结果表明，慈利县森林资源丰富，树种种类多样，根据树种的不同，将森林划分为 22 类，其中以马尾松和杉木为优势树种的森林小班所占比例最高，其面积高达 1 287.37hm^2，占森林总面积的 52.9%。

8.3.1　针对不同的森林功能区提出经营建议

特殊生态公益林区按照其主导的生态功能，最大程度地发挥其生态功能。主要研究内容是其防护功能的大小及动态变化，需对林区严格保护、封山育林，不进行经营性的开发或采伐，保持在一定时期内持续稳定的发展。一般公益林区作为一个过渡阶段的类型，根据慈利县划分结果以及森林所处的地位将其逐步转化为特殊生态公益林和商品林，森林经营措施实施过程中要充分考虑后期经营类型，为过渡后的经营管理打好基础。限制性商品林区，在一定的条件限制内，可进行收获性采伐，为了更好地发挥林地生产力，提高木材产量，应选择中周期和长周期珍贵树种用材林、油料林。一般商品林区其主要目的是生产木材，以满足社会的木材需求，产生最大的经济效益。确定不同的造林树种、不同的配置、不同的栽植密度、短轮伐期树种和长轮伐期树种的搭配，以获取最大的木材产量和经济效益。

8.3.2 面积较大的经营小班经营措施

（1）一般生态公益杉木区和一般生态公益马尾松林区，主导功能为水源涵养兼顾景观游憩功能，目标林相为珍贵阔叶树与马尾松杉木为主的异龄混交林，采用单株择伐的作业方式采伐达到目标直径的林木。首先选择林内生长较好的马尾松和杉木作为目标树，低密度地选择干扰树进行伐除。每亩目标树 8～10 株。每棵目标树选择干扰树 0～1 株。在伐除的空地人工群团状补植阔叶树大苗，补植树种的选择为青冈（Cyclobalanopsis glauca）、桢楠（Phoebe zhennan）、香樟（Cinnamomum camphora）、木荷（Schima superba）和枫树（Acer mono）。青冈、桢楠、香樟是珍贵阔叶树树种，木荷具有防火功能，五角枫可以增加林子的色彩。补植密度在每亩地 25～35 株，群团状补植。1 亩地补植 5～7 个群。林子疏的地方多补植，林子密的地方少补植或者不补植。

（2）一般生态公益软阔林区和一般生态公益硬阔林区，主导功能为水源涵养兼顾景观游憩功能，目标林相为珍贵阔叶树为主的异龄混交林，主要树种包括青冈、桢楠、黄檀（Dalbergia hupeana），其中夹杂木荷、枫树等景观树种，密度目标 60～80 株/亩，珍贵目标直径 55cm，其他树种 40cm，复层结构，培育周期 65 年以上，目标蓄积量每公顷 $220m^3$ 以上，采用单株择伐的作业方式采伐达到目标直径的林木。首先选择林内生长较好的阔叶树作为目标树，低密度地选择干扰树进行伐除。每亩目标树8～10株。每棵目标树选择干扰树0～1株。对林内阔叶目标树天然整枝不良、枝条影响林内通风和光照、且影响主干生长的侧枝进行修枝整形，以减轻主干枝的生长压力、改善树木的均匀性和用途。

（3）一般生态公益灌木林区，主导功能为水源涵养兼顾景观游憩功能，根据发育和衰退进程，采取平茬复壮措施。平茬时间为每年12月上旬到次年3月下旬进行。采用带状平茬，带宽1.0～1.5m，保留带宽4～6m，达到逐年轮作。平茬时宜用镰刀或剪枝剪，也可用小型机械平地面割除，茬口尽量降低，春季土壤解冻后进行松土并覆盖伐根，促进萌蘖更新，更新不足进行补植（补种）。

（4）限制性商品杉木林区和限制性商品马尾松林区，主导功能为水源涵养兼顾木材生产，目标林相为针阔混交的异龄混交林，对中小径材林可进行小面积皆伐，伐后人工种植马尾松和杉木，形成带（块）状异龄林。对培育大径材的进行疏伐1次，伐后保留林分密度200～240株/hm^2，对保留木进行修枝（≥12m），中耕松土或中耕翻耙3～4次，施肥（有条件的施农家肥1～2次）。促进林分个体径向生长，增加林木蓄积，改善林木质量和森林健康，培育形成大径级林木。

（5）限制性商品软阔林区和限制性商品硬阔林区，主导功能为水源涵养兼顾木材生产，目标林相为阔叶树混交的异龄混交林，在适宜林龄进行疏伐1～2次，确定目标树105～120株/hm^2，间隔期3～4年，伐后保留林分密度450～550株/hm^2。对目标树进行修枝（≥4）。林分进入冠下更新阶段，生长伐1次，保留密度350～400株/hm^2，并进行修枝（≥8m）。注意保留天然更新的阔叶幼树（苗）。当阔叶树幼树生长受抑制时，对上层林木进行生长伐1次，保留林分密度250～300株/hm^2。促进林木个体径向生长，增加林木蓄积，改善林木质量和森林健康，培育形成高品质的阔叶树大径级林木。

（6）一般性商品杉木林区和一般性商品马尾松林区，对分布于地势平缓地带、土壤条件好、水土流失少的立地类型上的马尾松和杉木纯林，通过促进林下天然植被生长形成复层结构，在保持林分环境长期稳定条件下以实现最大程度的马尾松和杉木用材生产。改进经营的主要技术有：通过加大造林株行距以促进林下天然植被和灌草生长肥地，以长久维持地力；设计与木荷、枫香等阔叶树人工林的镶嵌式小面积造林，以保持森林整体上的生物多样性；可以改挖明穴为打暗穴植树，减少水土流失；采伐作业的桠枝和伐桩留地并促其腐烂肥地，改良林分肥力。

8.3.3 展望

随着森林多功能理论与可持续森林经营思想的推广，森林经营是长期的作业过程，根据不同的自然条件和培育目标，具体地段的经营计划和措施都是不同的，需要进行多学科的综合分析。把森林自然类型、经营目标类型和生态功能类型等有机结合起来，提出森林经营类型的组织体系，根据不同类型的主导功能目标和自然特征要求制定相应的经营计划，并设计对应的林分作业法来规范长期的经营活动。针对森林不同的功能区和划分的经营小班，应采取不同采伐、抚育和演替更新措施，最大程度地发挥林地生产力，实现林业的可持续发展。二类调查作为林业经营管理中一项基础工作，为了达到森林可持续发展的目的，应该不断完善技术体系，应用新技术，发展新林业，拓展专业调查项目。通过对森林资源数据统计以及森林资源的监测，实现森林资源的可持续发展，促进生态文明建设。

第9章 次生林固碳能力提升的森林结构优化调控技术

9.1 模型构建

9.1.1 考虑森林结构多样性的栎类单木断面积生长混合效应模型研究

9.1.1.1 研究背景

世界现存的栎类（Quercus spp.）大约有500多种，广泛分布于北半球及中美洲在内的区域。以栎类为主的森林具有重要的生态效益和经济价值。中国大约有51种栎类，分布在全国各地的山区。这些栎类大多是天然次生林，由于曾遭受破坏，这些栎类大多质量非常差。因此，为了更好地经营这些以栎类为主的天然次生林，构建栎类单木断面积生长模型十分必要。此外，森林结构多样性是生物多样性的重要组成部分，已被广泛证明森林结构多样性对于森林的生长和生产力有着显著的影响，然而，只有少数研究将森林结构多样性加入到森林生长和收获模型中。最小二乘法被广泛用于单木生长模型的构建，理论上，最小二乘法的使用要求数据满足三个条件，即独立、正态分布和等方差。然而，林业上的数据大多是纵向数据，具有分层结构和重复观测的特点。因此，这些数据违背了最小二乘法的基本假设，在拟合时参数会产生严重的偏差。混合效应模型作为一种处理多层次重复测量数据的有利工具，通过规定不同的协方差结构来表示相关的格局，允许数据间具有相关性及异方差性，从而提高模型预测精度并解释随机误差的来源，已被广泛应用。

9.1.1.2 研究方法

1. 数据来源

利用湖南省第七、八、九次全国森林资源一类清查数据（2004—2014

年），采用 LASSO 回归和混合效应模型方法构建栎类单木断面积生长模型，并对两种模型结果进行检验和比较。

本研究数据来源于湖南省 2004 年、2009 年和 2014 年三期全国森林资源一类清查，共包含 845 块样地的 11 860 个观测值。样地为正方形，面积为 1 亩（相当于 0.067 公顷），系统地排列在 4km×8km 的网格上。在每个样地内，记录了单木信息和样地信息。单木信息包括样地号、树号、树种名称和胸径。样地信息包括坡度、坡向、坡位、海拔、平均胸径、郁闭度等。数据随机分为两个数据集，其中 80%的样地数据用于模型拟合，20%的样地数据用于模型验证。模型拟合数据由 676 块样地中的 9 739 个观测值组成，而模型验证数据由 169 块样地中的 2 121 个观测值组成。样地分布如图 9－1 所示。

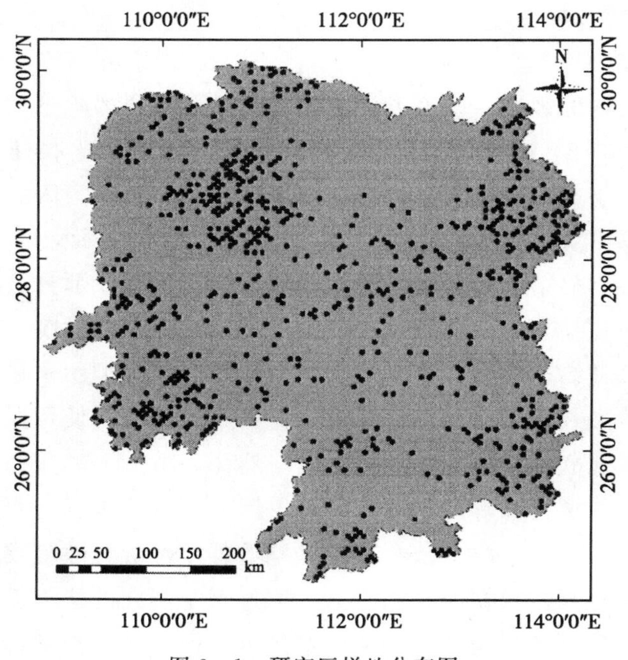

图 9－1　研究区样地分布图

2. 基础模型的构建

采用 LASSO 回归方法构建单木断面积生长模型，主要包括因变量和自变量的选择。

因变量：log（$DBH_2^2-DBH_1^2+1$）（DBH_1：期初胸径；DBH_2：期末胸径）。

自变量：林木大小（DBH_1 及其变形形式）、竞争（每公顷株数 NT、每公顷断面积 BA、大于对象木胸径的胸高断面积之和 BAL、BAL 和 DBH 之比 BAL/DBH、相对密度指数 $RD=DBH/QMD$）、立地条件[海拔 EL、坡度 SL 和坡向 ASP 的组合：$SL\cos=SL\times\cos(ASP)$，$SL\sin=SL\times\sin(ASP)$]、林分结构多样性（香农—维纳指数 SHI、均匀度指数 PI、辛普森多样性指数 SII；基尼系数 GC、胸径标准差 $SDDBH$）。

使用LASSO回归模拟过程中，为避免出现自变量之间存在严重的共线性问题，利用方差膨胀因子（VIF）去除存在多重共线性的变量，最终只有方差膨胀因子小于5的变量才能进入模型。

3. 混合效应模型的构建

混合效应模型构建主要包括以下几个步骤：

（1）参数效应的确定。混合模型构建过程中最重要的一步是确定参数效应，即哪个参数是固定参数，哪个参数为混合参数。本研究中把模型中所有参数均看作混合效应参数，并且利用 AIC、BIC、Loglik 和似然比检验（LRT）在拟合收敛的模拟中确定最优拟合。

（2）随机效应方差—协方差结构的确定。本研究采用对角矩阵、符合对称矩阵和广义正定矩阵描述随机效应方差—协方差结构，并且利用 AIC、BIC、Loglik 和似然比检验（LRT）在拟合收敛的模拟中确定最优结构。

（3）误差方差—协方差结构的确定。对固定样地进行长期观测的森林生长收获数据通常都存在自相关和异方差问题，为了确定样地内的方差—协方差结构，必须解决这2方面的问题，在林业上通常利用下式进行描述：

$$R_i=\sigma^2 G_i^{0.5}\Gamma_i G_i^{0.5} \tag{9-1}$$

本研究选用林业上常用的幂函数、指数函数和常数加幂函数来消除混合模型产生的异方差现象。

$$\mathrm{varexp}(e_i)=\sigma^2\exp(2\alpha u_i) \tag{9-2}$$

$$\mathrm{var}Power(e_i)=\sigma^2\exp(u_i^{2\alpha}) \tag{9-3}$$

$$\mathrm{var}ConstPower(e_i)=\sigma^2(\alpha+u_i^{\beta})^2 \tag{9-4}$$

为了表达样地内的时间序列相关性，选择一阶自回归模型［$\boldsymbol{AR}(1)$］、一阶自回归与滑动平均模型相结合的矩阵模型［$\boldsymbol{ARMA}(1, 1)$］和复合对称矩阵模型（$\boldsymbol{CS}$）。

$$\boldsymbol{AR}(1)=\sigma^2\begin{bmatrix}1 & \rho & \rho^2\\ \rho & 1 & \rho\\ \rho^2 & \rho & 1\end{bmatrix} \tag{9-5}$$

$$\boldsymbol{CS}=\begin{bmatrix}\sigma^2+\sigma_1 & \sigma_1 & \sigma_1\\ \sigma_1 & \sigma^2+\sigma_1 & \sigma_1\\ \sigma_1 & \sigma_1 & \sigma^2+\sigma_1\end{bmatrix} \tag{9-6}$$

$$\boldsymbol{ARMA}(1, 1)=\sigma^2\begin{bmatrix}1 & \upsilon & \upsilon\rho\\ \upsilon & 1 & \upsilon\\ \upsilon\rho & \upsilon & 1\end{bmatrix} \tag{9-7}$$

4. 模型检验及评价

利用检验样本数据对所构建的混合模型的预测性能进行综合评价。混合模型中固定效应的检验与传统的检验方法相同。然而，随机效应部分的检验需要二次抽样来计算随机效应参数。本研究使用下列表达式来计算随机效应参数：

$$\hat{b}_i\approx\hat{D}\hat{Z}_i^T(\hat{Z}_i\hat{D}\hat{Z}_i^T+\hat{R}_i)^{-1}\hat{e}_i \tag{9-8}$$

拟合结果通过决定系数（R^2）、决定误差（$Bias$）和均方根误差（$RMSE$）进行评价。

9.1.1.3 研究结果

1. 基础模型结果

基础模型结果表明期初胸径的倒数（$1/DBH_1$），相对密度指数（RD），每公顷株数（NT），海拔（EL）和基尼系数（GC）对栎类单木断面积的生长有显著影响。基础模型结果如表 9-1、残差图和 QQ 图（图 9-2）所示。

表 9-1 基础模型结果

变量	参数	标准差	T 检验	P 值	方差膨胀因子
常数项	1.878	0.040 45	46.424	<0.001	—
$1/DBH_1$	-2.389	0.138 9	-17.202	<0.001	3.19

（续）

变量	参数	标准差	T 检验	P 值	方差膨胀因子
RD	0.320 8	0.015 88	20.202	<0.001	3.09
NT	−0.000 132 7	0.000 005 652	−23.482	<0.001	1.13
EL	−0.000 225 2	0.000 010 44	−21.565	<0.001	1.23
GC	−0.162 0	0.038 56	−4.202	<0.001	1.37
		AIC=6 317.446			
		BIC=6 367.733			
		Loglik=−3 151.723			

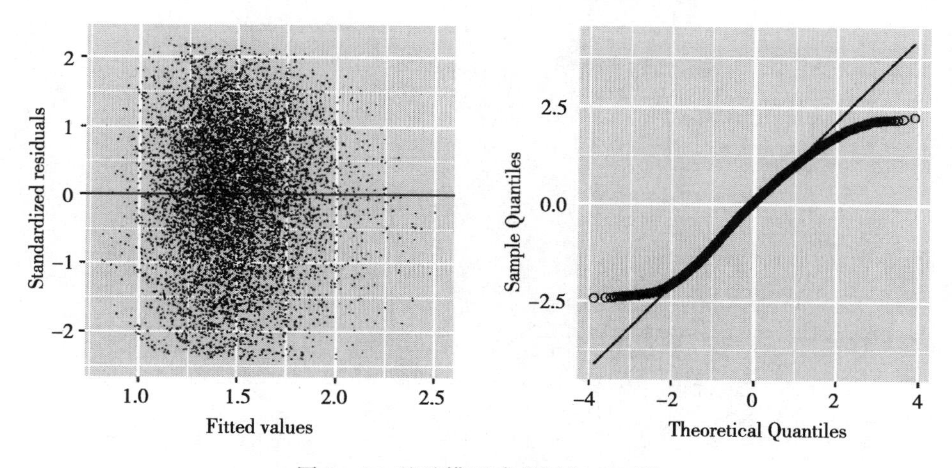

图 9－2　基础模型残差图和 QQ 图

2. 混合效应模型结果

在基础模型的基础上，以样地作为随机效应，构建混合效应模型。结果如图 9－3 所示。混合效应模型结果表明当截距、$1/DBH_1$、RD、NT 和 GC 5 个变量上的参数同时作为混合参数时模拟精度最高。此外，异方差函数和自相关结构的引入，模拟效果都显著提高，并且以指数函数（exp）和一阶自回归模型［AR(1)］表现最好。

$$\log(DBH_2^2-DBH_1^2+1)=(2.0435+b_1)+(-2.8339+b_2)1/DBH_1+(0.2826+b_3)RD+(-0.0001+b_4)NT-0.0002EL+(-0.3122+b_5)GC+e_{ij} \quad (9-9)$$

where

$$\boldsymbol{b}_i = \begin{bmatrix} b_1 \\ b_2 \\ b_3 \\ b_4 \\ b_5 \end{bmatrix} \sim \boldsymbol{N}\left\{ \begin{bmatrix} 0 \\ 0 \\ 0 \\ 0 \\ 0 \end{bmatrix} \right.$$

$$\boldsymbol{\psi}_i = \left(\begin{matrix} 0.4416 & -1.1944 & -0.0751 & -4.3714\times10^{-5} & -0.0301 \\ -1.1944 & 3.7785 & 0.1654 & 6.5388\times10^{-5} & 0.9982 \\ -0.0751 & 0.1654 & 0.0207 & 4.7760\times10^{-6} & 0.0418 \\ -4.3714\times10^{-5} & 6.5388\times10^{-5} & 4.7760\times10^{-6} & 2.0991\times10^{-8} & 8.15990\times10^{-6} \\ -0.0301 & 0.9982 & 0.0418 & 8.15990\times10^{-6} & 0.2693 \end{matrix} \right) \left. \right\}$$

$$e_i \sim N(0,\ R_i = 0.1604\, G_i^{0.5} \Gamma_i G_i^{0.5})$$

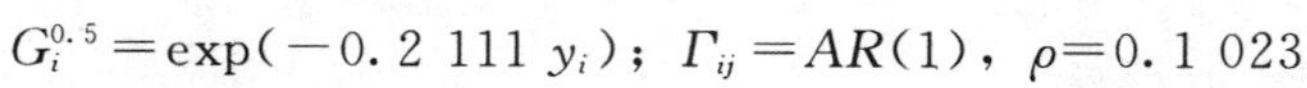

$$G_i^{0.5} = \exp(-0.2111\, y_i);\ \Gamma_{ij} = AR(1),\ \rho = 0.1023$$

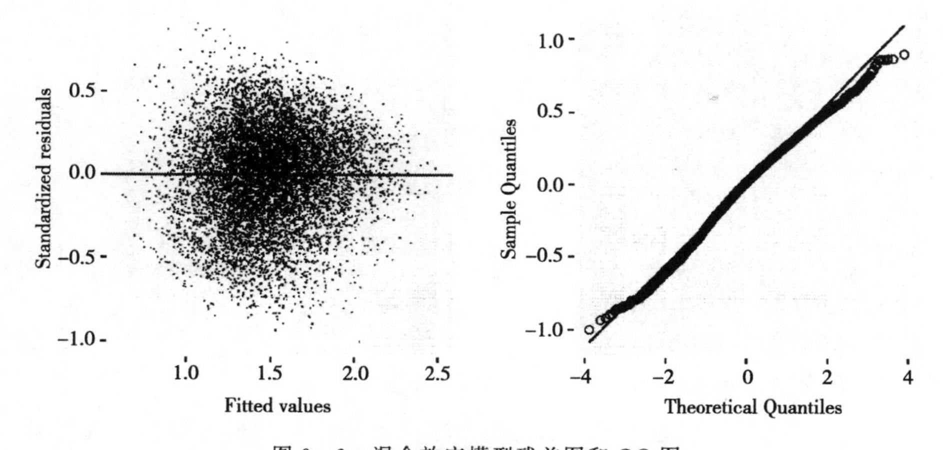

图 9-3　混合效应模型残差图和 QQ 图

3. 模型检验结果

与使用传统回归方法（LASSO 回归）构建的模型相比，混合效应模型的决定系数（R^2）显著提高（表 9-2），均方根误差（*RMSE*）和绝对偏差（*Bias*）显著减小。所构建的模型有一定的生物学意义和统计可靠性，可以为该研究区域栎类的科学经营和管理提供依据。

表9-2　LASSO回归模型和混合效应模型拟合统计量

模型	*Bias*	*RMSE*	R^2
传统回归模型	0.223 9	0.277 6	0.366 3
混合效应模型	0.171 6	0.216 7	0.614 0

9.1.2　马尾松单木断面积生长混合效应模型研究

9.1.2.1　研究背景

马尾松（*Pinus massoniana* Lamb.）作为一种常绿先锋树种，是中国五大优势树种之一，它广泛分布于我国南部，具有巨大的生态效益和经济价值。当前针对马尾松的经营越来越提倡人工林向异龄混交林的转化，因此，要想实现森林生长与收获的准确预估就需要建立生长模型。相对于全林分模型和径阶分布模型，单木模型以单木为模拟单元，具有更强的灵活性，因而广泛用于异龄混交林的生长预测中。单木断面积生长模型是单木模型的基本组成部分。它通常被描述为树木大小、竞争和立地条件的线性函数。然而当前并没有针对马尾松单木断面积的生长模型，这可能妨碍对含有该物种的异龄混交林的管理政策的制定。因此迫切需要构建马尾松单木断面积生长模型。随机效应参数混合效应模型可以解释由已知或未知因素引起的数据异质性和随机性，因而选择该模型分析马尾松单木断面积生长情况。

9.1.2.2　研究方法

1. 数据来源

利用湖南省第七、八、九次全国森林资源一类清查数据（2004—2014年），采用最小二乘法和混合效应模型方法构建马尾松单木断面积生长模型，并对模型结果进行检验和比较。

基于湖南省第七、八、九次全国森林资源一类清查中的987个样地中的13 138棵马尾松的26 276个观测数据，构建马尾松单木断面积生长模型。样地形状为正方形，面积为1亩（相当于0.067公顷），系统地排列在4km×8km的网格上。在每个样地内，记录了单木信息和样地信息。单木信息包括样地号、树号、树种名称和胸径。样地信息包括坡度、坡向、坡位、海拔、平均胸径、郁闭度等。数据随机分为两组，其中80%

的样地数据（790 块样地 21，400 个观测值）用于模型拟合，20%（197 块样地 4 876 个观测值）用于模型验证。样地分布图 9－4 所示。

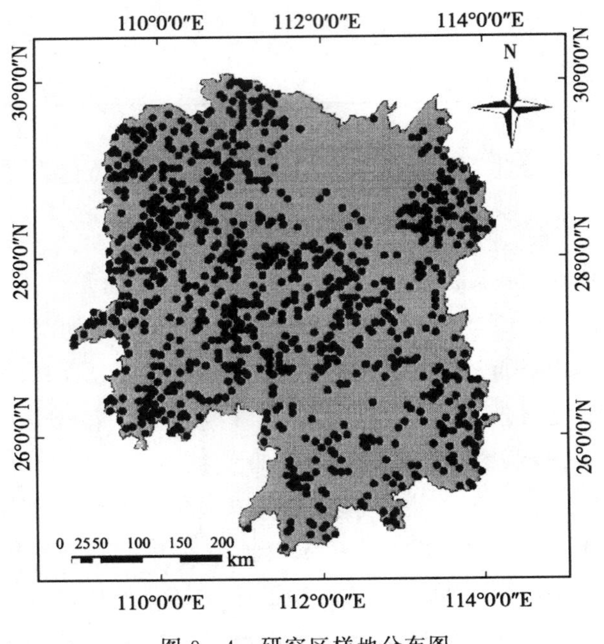

图 9－4　研究区样地分布图

2. 基础模型的构建

采用最小二乘法（OLS）构建马尾松单木断面积生长模型，主要包括因变量和自变量的选择。

因变量：log（$DBH_2^2-DBH_1^2+1$）(DBH_1：期初胸径；DBH_2：期末胸径)。

自变量：林木大小（DBH_1 及其变形形式）、竞争（每公顷株数 *NT*、每公顷断面积 *BA*、大于对象木胸径的胸高断面积之和 *BAL*、相对密度指数 $RD=DBH/QMD$，*QMD* 为林分平均直径）、立地条件［海拔 *EL*、坡度 *SL* 和坡向 *ASP* 的组合：$SL\cos=SL\times\cos(ASP)$，$SL\sin=SL\times\sin(ASP)$］。

使用逐步回归的方法进行自变量的选择，为避免出现自变量之间存在严重的共线性问题，利用方差膨胀因子（*VIF*）去除存在多重共线性的变量，最终只有回归系数显著（$P<0.05$）且 *VIF* 小于 5 的变量才能进入模型。

3. 混合效应模型的构建

混合效应模型构建主要包括以下几个步骤：

（1）参数效应的确定。混合模型构建过程中最重要的一步是确定参数效应，即哪个参数是固定参数，哪个参数为混合参数。本研究中把模型中所有参数均看作混合效应参数，并且利用 *AIC*、*BIC*、Log*lik* 和似然比检验（*LRT*）在拟合收敛的模拟中确定最优拟合。

（2）误差方差—协方差结构的确定。对固定样地进行长期观测的森林生长收获数据通常都存在自相关和异方差问题，为了确定样地内的方差—协方差结构，必须解决这两方面的问题，在林业上通常利用下式进行描述：

$$R_i = \sigma^2 G_i^{0.5} \Gamma_i G_i^{0.5} \tag{9-10}$$

本研究选用林业上常用的幂函数、指数函数和常数加幂函数来消除混合模型产生的异方差现象。

$$\mathrm{varexp}(e_i) = \sigma^2 \exp(2\alpha u_i) \tag{9-11}$$

$$\mathrm{var}Power(e_i) = \sigma^2 \exp(u_i^{2\alpha}) \tag{9-12}$$

$$\mathrm{var}ConstPower(e_i) = \sigma^2 (\alpha + u_i^{\beta})^2 \tag{9-13}$$

为了表达样地内的时间序列相关性，选择一阶自回归模型［*AR*(1)］、一阶自回归与滑动平均模型相结合的矩阵模型［*ARMA*(1，1)］和复合对称矩阵模型（*CS*）。

$$\boldsymbol{AR}(1) = \sigma^2 \begin{bmatrix} 1 & \rho & \rho^2 \\ \rho & 1 & \rho \\ \rho^2 & \rho & 1 \end{bmatrix} \tag{9-14}$$

$$\boldsymbol{CS} = \begin{bmatrix} \sigma^2 + \sigma_1 & \sigma_1 & \sigma_1 \\ \sigma_1 & \sigma^2 + \sigma_1 & \sigma_1 \\ \sigma_1 & \sigma_1 & \sigma^2 + \sigma_1 \end{bmatrix} \tag{9-15}$$

$$\boldsymbol{ARMA}(1, 1) = \sigma^2 \begin{bmatrix} 1 & \upsilon & \upsilon\rho \\ \upsilon & 1 & \upsilon \\ \upsilon\rho & \upsilon & 1 \end{bmatrix} \tag{9-16}$$

4. 模型检验及评价

利用检验样本数据对所构建的混合模型的预测性能进行综合评价。混合模型中固定效应的检验与传统的检验方法相同。然而，随机效应部分的检验需要二次抽样来计算随机效应参数。本研究使用下列表达式来计算随机效应参数：

$$\hat{b}_i \approx \hat{D}\hat{Z}_i^T (\hat{Z}_i\hat{D}\hat{Z}_i^T + \hat{R}_i)^{-1}\hat{e}_i \tag{9-17}$$

拟合结果通过决定系数（R^2）、决定误差（*Bias*）和均方根误差（*RMSE*）进行评价。

9.1.2.3 研究结果

1. 基础模型结果

基础模型结果（表 9-3）表明，期初胸径（*DBH*），大于对象木的断面积（*BAL*），每公顷株数（*NT*）和海拔（*EL*）对马尾松单木断面积的生长有显著影响（图 9-5）。

表 9-3 传统回归模型结果

变量	参数	标准差	*T* 检验	*P* 值	方差膨胀因子
常数项	1.565	8.105E-3	193.1	<0.001	—
DBH	0.033 3	4.288E-4	77.7	<0.001	1.1
BAL	−0.359	7.402E-3	−48.5	<0.001	1.4
NT	−5.964E-5	4.034E-6	−14.8	<0.001	1.3
EL	−6.415E-5	1.002E-5	−6.4	<0.001	1.1
		AIC=14 722			
		BIC=14 769			
		Log*lik*=−7 355			

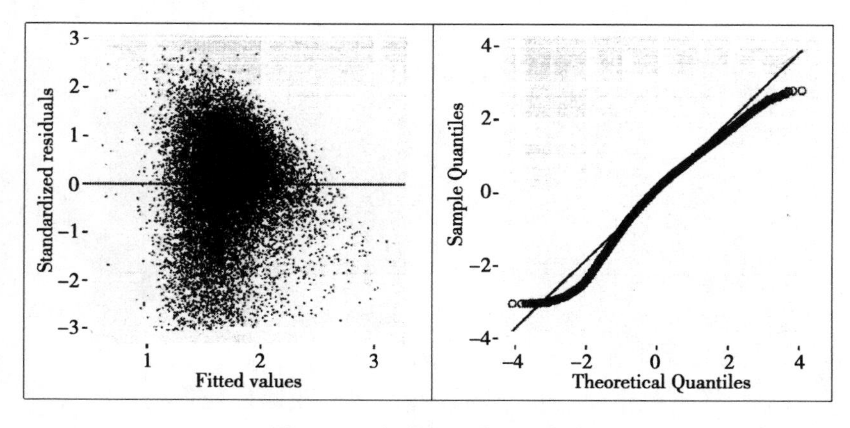

图 9-5 基础残差图和 QQ 图

2. 混合效应模型结果

在基础模型的基础上，以样地作为随机效应，构建混合效应模型。结果如图 9－6 所示。混合效应模型结果表明当截距、*DBH*、*BAL*、*EL* 和 *NT* 5 个变量上的参数同时作为混合参数时模拟精度最高。此外，引入异方差函数，模拟效果显著提高，并且以幂函数（Power）表现最好。因此选择幂函数作为最终的异方差方程。然而，考虑时间序列相关性后模型拟合均未收敛。

确定了最佳的混合参数、自相关矩阵结构和异方差方程后，把这几方面综合考虑进行模拟，最终确定的模型形式如下：

$$\log(DDS+1)=(1.604+b_1)+(0.0310+b_2)DBH+(-0.405+b_3)BAL+(-2.000E-5+b_4)EL+(-4.000E-5+b_5)NT+e_{ij} \tag{9-18}$$

where

$$b_i=\begin{bmatrix} b_1 \\ b_2 \\ b_3 \\ b_4 \\ b_5 \end{bmatrix}\sim N\left\{\begin{bmatrix} 0 \\ 0 \\ 0 \\ 0 \\ 0 \end{bmatrix},\ \psi_i=\begin{pmatrix} 0.277 & -0.741 & -0.334 & -0.253 & -0.380 \\ -0.741 & 0.0130 & 0.518 & -0.228 & -0.0450 \\ -0.334 & 0.518 & 0.242 & -0.295 & -0.349 \\ -0.253 & -0.228 & -0.295 & 0.0004 & 0.0640 \\ -0.380 & -0.0450 & -0.349 & 0.0640 & 0.0001 \end{pmatrix}\right\}$$

$$e_{ij}\sim N(0,\ R_{ij}=0.803\,G_{ij}^{0.5}\Gamma_{ij}G_{ij}^{0.5})$$

$$\mathrm{var}Power(e_{ij})=0.803\exp(\hat{y}_{ij}{}^{-0.576})$$

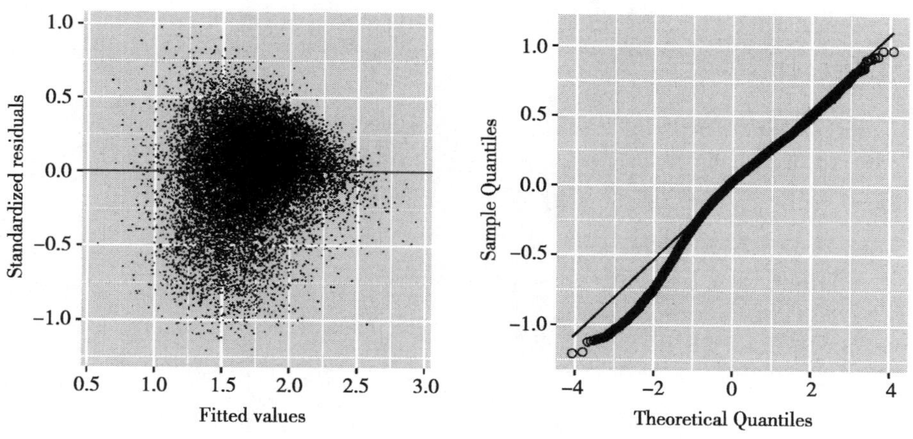

图 9－6　混合效应模型残差图和 QQ 图

3. 模型检验结果

与使用传统回归方法（OLS）构建的模型相比，混合效应模型的决定系数（R^2）显著提高，均方根误差（*RMSE*）和绝对偏差（*Bias*）显著减小（表9－4）。所构建的模型有一定的生物学意义和统计可靠性，可以为该研究区域马尾松的科学经营和管理提供依据。

表9－4　传统回归模型和混合效应模型拟合统计量

模型	*AIC*	*BIC*	*Bias*	*RMSE*
传统回归模型	14 722	14 769	0.246	0.307
混合效应模型	11 690	11 865	0.189	0.247

9.1.3　湘西地区次生林主要树种生物量模型研究

9.1.3.1　研究背景

森林生物量代表着森林生态系统最基本的数量特征，是研究林业和生态方面的基础，在森林结构和固碳能力的研究中，测定生物量成为一项不可或缺的基础工作。在森林生物量估算中，单木生物量模型是一种高精度高效的方法，它不仅可以准确评价林分现实生长，也可以预估未来林分生长，有助于定量研究林木生长过程，可为经营措施的制定及实施提供依据。

9.1.3.2　研究方法

建立湘西地区次生林内马尾松、麻栎、苦槠、湖北栲、青冈栎的生物量模型。构建以*D*、*H*和*CL*为自变量的一元、二元、三元独立生物量方程。计算确定系数（R^2）、估计值的标准误（*SEE*）、总相对误差（*TRE*）、平均系统误差（*ASE*）、平均估计误差（*MPE*）和平均百分标准误差（*MPSE*）六个指标，通过相对排序法选择最优的独立生物量模型。

1. 独立生物量模型

通过野外调查和取样，获取马尾松、青冈栎、麻栎、苦槠、湖北栲地上生物量数据，采用异速生长方程对数转化的方法建立各树种独立生物量模型，分别使用OLS、2SLS及3SLS作为模型参数估计算法，从中选择出最好的模型构建方法和参数估计算法，为生物量模型计算和研究提供技术支撑。

选择胸径（*D*）、树高（*H*）、冠长（*CL*）作为自变量，构建各树种的独立生物量模型。对数据进行预处理，将各个变量对数转换后，线性回归拟合。选择一元（模型Ⅰ—模型Ⅲ）、二元（模型Ⅳ—模型Ⅵ）、三元（模型Ⅶ）模型，其形式如下：

模型Ⅰ：$\ln W_i = a + b\ln D + \varepsilon$

模型Ⅱ：$\ln W_i = a + b\ln H + \varepsilon$

模型Ⅲ：$\ln W_i = a + b\ln CL + \varepsilon$

模型Ⅳ：$\ln W_i = a + b\ln D + c\ln H + \varepsilon$

模型Ⅴ：$\ln W_i = a + b\ln D + c\ln CL + \varepsilon$

模型Ⅵ：$\ln W_i = a + b\ln H + c\ln CL + \varepsilon$

模型Ⅶ：$\ln W_i = a + b\ln D + c\ln H + d\ln CL + \varepsilon$

式中，W_i 为地上生物量或者各组分生物量，D 为胸径，H 为树高，CL 为冠长，a、b、c、d 为待估参数，ε 为误差项。

2. 最优模型的选择

利用相对排序法，分别计算各模型 R^2、SEE、TRE、ASE、MPE、$MPSE$ 的相对排序值，其计算公式为：

$$Rank_i = 1 + \frac{(W-1)(S_i - S_{\min})}{S_{\max} - S_{\min}} \qquad (9-19)$$

式中：$Rank_i$ 为模型 i 的相对排序值（$i=1, 2, \cdots, W$），W 为参与排序的模型数目；S_i 为模型 i 的统计指标值（分别为 R^2、SEE、TRE、ASE、MPE、$MPSE$），$S_{\min}$ 为 S_i 的最小值，$S_{\max}$ 为 S_i 的最大值，TRE 取绝对值。最后计算 6 个统计指标的平均相对排序值，排序均值越小越好。

OLS、2SLS、3SLS、SUR 参数估计方法均在 R 软件 systemfit 包中实现，对上述两种相容性生物量模型进行非线性联合估计即 nlsystemfit，加权回归拟合参数，计算 6 项评价指标，利用相对排序法选择最优模型。

9.1.3.3 研究结果

1. 最优独立生物量模型的选择

在拟合湖北栲树干生物量时，模型Ⅰ的 R^2 要大于模型Ⅱ，SEE、ASE、MPE、$MPSE$ 偏小，故选择模型Ⅰ拟合湖北栲各组分生物量。麻栎只能选择模型Ⅰ拟合各组分生物量。在拟合苦槠树叶时，模型Ⅲ的 R^2 最大，且 SEE、ASE、$MPSE$ 最小，是最优选择；剩余组分则选择模型Ⅰ。所选择的模型既满足参数显著的要求，预估精度也相对较高。

青冈栎与马尾松选择的模型较多，所选模型参与均值排序结果见表9-5。对于马尾松树枝、树叶和地上组分，模型Ⅰ的排序均值最小；对于树干组分，模型Ⅳ的排序均值最小。对于青冈栎的树干和地上组分，模型Ⅳ的排序均值最小，树枝和树叶组分则选择模型Ⅴ。

表9-5　青冈栎与马尾松模型的排序均值

树种	组分	模型	排序均值
马尾松	树干	Ⅰ	1.16
		Ⅱ	4.90
		Ⅲ	5.00
		Ⅳ	1.00
		Ⅵ	3.66
	树枝	Ⅰ	1.00
		Ⅱ	2.00
	树叶	Ⅰ	1.60
		Ⅱ	3.53
		Ⅲ	2.88
		Ⅵ	2.21
	地上	Ⅰ	1.00
		Ⅱ	4.00
		Ⅲ	3.72
		Ⅵ	3.01
青冈栎	树干	Ⅰ	1.21
		Ⅱ	2.59
		Ⅲ	4.00
		Ⅳ	1.00
	树枝	Ⅰ	1.83
		Ⅱ	3.99
		Ⅲ	5.00
		Ⅴ	1.00
		Ⅵ	2.58

（续）

树种	组分	模型	排序均值
青冈栎	树叶	Ⅰ	2.05
		Ⅱ	4.38
		Ⅲ	4.62
		Ⅴ	1.00
		Ⅵ	2.67
	地上	Ⅰ	1.28
		Ⅱ	3.33
		Ⅲ	5.00
		Ⅳ	1.00
		Ⅵ	2.93

2. 最终生物量模型确立

以胸径作为自变量的模型Ⅰ已经很好地预估了大部分树种各组分的生物量，随着自变量增多，部分模型精度有所提高，但是也会存在模型参数不显著的问题，导致模型无法应用在林业实践中。综合上述一元、二元、三元生物量模型，麻栎、湖北栲皆选择以胸径为自变量的一元生物量模型；苦槠树叶选择以冠长为自变量的一元生物量模型，其余组分选择以胸径为自变量的一元生物量模型；马尾松树干选择以胸径和树高为自变量的二元生物量模型，其余组分选择以胸径为自变量的一元生物量模型；青冈栎树干和地上组分选择以胸径和树高为自变量的二元生物量模型，树枝和树叶选择以胸径和冠长为自变量的二元生物量模型。各树种的最优独立生物量模型如下：

马尾松：

树干　$\ln W = 1.7511 \times \ln D + 0.8433 \times \ln H - 2.8013$

树枝　$\ln W = 1.9658 \times \ln D - 3.2629$

树叶　$\ln W = 1.7924 \times \ln D - 3.4832$

地上　$\ln W = 2.0276 \times \ln D - 1.1454$

青冈栎：

树干　$\ln W = 2.1982 \times \ln D + 1.1232 \times \ln H - 4.2421$

树枝　$\ln W = 2.7451 \times \ln D + 0.5503 \times \ln CL - 5.4031$

树叶 $\ln W=2.1724\times\ln D+0.6215\times\ln CL-5.5692$

地上 $\ln W=2.3112\times\ln D+1.0206\times\ln H-4.0331$

苦槠：

树干 $\ln W=2.2755\times\ln D-2.3810$

树枝 $\ln W=2.5753\times\ln D-4.3327$

树叶 $\ln W=1.6144\times\ln CL-1.8197$

地上 $\ln W=2.2164\times\ln D-1.8814$

麻栎：

树干 $\ln W=2.5505\times\ln D-2.2816$

树枝 $\ln W=2.6330\times\ln D-4.6891$

树叶 $\ln W=2.0356\times\ln D-4.5090$

地上 $\ln W=2.5337\times\ln D-2.1037$

湖北栲：

树干 $\ln W=2.2399^{*}\times\ln D-1.6642$

树枝 $\ln W=2.7929\times\ln D-4.5662$

树叶 $\ln W=3.3684\times\ln D-8.0404$

地上 $\ln W=2.3298\times\ln D-1.6593$

9.2 森林结构量化调整方案

9.2.1 最优均衡曲线确定

本研究以湖南省马尾松天然次生林为研究对象，在之前研究得出的生长模型的支持下，对备选均衡曲线进行筛选，最终甄别出最优均衡曲线。森林经营活动主要围绕着该均衡曲线的维持而展开。最后，以具体现实林分为对象，提出基于最优均衡曲线的具体的经营措施建议。

一个天然次生林有多条潜在的备选基础均衡曲线，而最优均衡曲线需要在生长模型的支持下才能筛选出来。因此，本研究首先在综合分析马尾松天然次生林结构的基础上，构建了潜在的基础均衡曲线簇；其次，在所构建的转移矩阵模型的支持下，对基础均衡曲线簇进行了模拟，筛选出最优均衡曲线。

1. 基础均衡曲线簇构建

天然次生林的直径分布曲线可以由下面的倒 J 型负指数函数进行表述：

$$N_i = k_0 e^{-k_1 d_i} \tag{9-20}$$

因此，连续两个径阶的林木株树比值（q 值）可以表述为：

$$q = N_{i+1}/N_i \tag{9-21}$$

其中，d_i为第 i 径阶的中值，N_i为第 i 径阶林木株树，N_{i+1}为上一个小径阶的林木株树，k_0为截距，k_1为林木株树随径阶而减少的速率。

将公式（9－20）代入公式（9－21）可得：

$$q = k_0 e^{-k_1(d_i - h)}/k_0 e^{-k_1 d_i} = e^{k_1 h} \tag{9-22}$$

其中，h 为径阶宽度。如果假设最大径阶（第 1 径阶）的林木株树为 N_1，那么各个径阶的林木株树可以表述为：

$$N_i = q^{i-1} N_1 \tag{9-23}$$

如果知道天然次生林择伐后希望保留的断面积 B：

$$B = k_2 \sum_{i=1}^{c} N_i d_i^2 \tag{9-24}$$

其中，c 为径阶数，$k_2 = \pi/40\,000$。将公式（9－23）代入公式（9－24）可得：

$$B = k_2 \sum_{i=1}^{c} N_1 q^{i-1} d_i^2 = k_2 N_1 \sum_{i=1}^{c} q^{i-1} d_i^2 = k_3 N_1 \tag{9-25}$$

其中，

$$k_3 = k_2 \sum_{i=1}^{c} q^{i-1} d_i^2$$

$$N_1 = B/k_3 \tag{9-26}$$

综合公式（9－23）和公式（9－26），即可得到基础均衡曲线（以直径分布曲线表述），该均衡曲线主要由伐后希望保留的断面积 B、q 值和最大保留直径或径阶 D 确定。由于 B、q、D 取值可以有不同组合，因此一个天然次生林分可以有很多基础均衡曲线。依据湖南省马尾松天然林林分状况以及以往的研究结果，本研究中 B 的取值拟选择 $35m^2/hm^2$，$40m^2/hm^2$ 和 $45m^2/hm^2$；q 值选择 1.2，1.3，1.4，1.5，1.6，1.7；D_{max} 的取值选择 40cm、45cm 和 50cm。对上述 B、q、D 的不同取值进行组合，构建不同的基础均衡曲线，即基础均衡曲线簇。

2. 最优均衡曲线筛选

基于生长模型，对不同经理期下，不同基础均衡曲线下的经营效果进行模拟。本研究的转移矩阵模型包含进界、枯死、生长等子模型，因此能够较好地预测森林生长动态及对经营措施的响应规律。根据国内外研究经验，本研究的经理期定为 10 年。采用转移矩阵模型进行模拟，每模拟一个经理期，将林分的直径分布与均衡曲线进行对比，并采伐超过均衡曲线的多余林木，从而维持均衡状态，然后再进行模拟，重复上述步骤直到模拟时间达到或接近 100 年。

图 9－7 展示了每模拟一个经理期后采伐量确定方法：虚线为均衡曲线，在 20cm 径阶处，实际林木株数超过了均衡曲线（深色柱状），需要进行采伐，使得伐后曲线（实曲线）尽可能逼近均衡曲线。确定了采伐林木所位于的径阶及相应的量之后，林木采伐的优先顺序为：软阔＞其他针叶＞马尾松＞栎类＞硬阔。

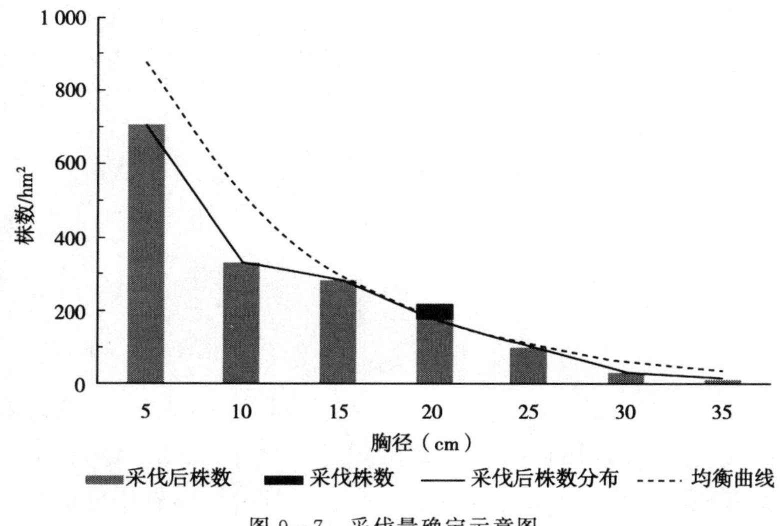

图 9－7　采伐量确定示意图

本研究采用下述指标在模拟过程中的变化来确定最优均衡曲线：①蓄积连年生长量变化；②蓄积量变化；③采伐木平方平均直径变化。此外，最重要的是林分直径分布是否达到均衡状态，本研究采用如下公式对林分直径分布与均衡曲线的差异程度进行量化：

$$var = \frac{\sum (\ln N_{actural} - \ln N_{target})^2}{k} \tag{9-27}$$

其中，var 为观测株数偏离均衡株数的方差值，N_{actual} 是相应径阶真实或模拟的林木株数，N_{target} 是均衡条件下相应径阶的林木株数，k 是径阶个数。因此，var 值越小则林分越接近均衡结构，var 值越大则林分越偏离均衡结构。本研究认为当 $var<0.5$ 为均衡，$0.5<var<1.0$ 为临界状态，$var>1.0$ 为不均衡。

以上述指标（1）～（3）以及 var 的模拟结果作为纵坐标，时间作为横坐标作图。上述指标最先达到平稳（意味着最早达到均衡状态），且具有最大蓄积量、最大的连年生长量、最大的采伐木平方平均直径（意味着大径阶林木）、最小的观测株数偏离均衡株数的方差值 var（意味着最逼近均衡状态）的均衡曲线，则为最优均衡曲线。

9.2.2　均衡曲线簇构建

根据湖南省马尾松天然林的特点以及国内外相关研究 q 值的取值范围，本研究均衡曲线构建的基础参数范围如下：B 的取值拟选择 $35m^2/hm^2$、$40m^2/hm^2$ 和 $45m^2/hm^2$；q 值选择 1.2、1.3、1.4、1.5、1.6、1.7；D_{max} 的取值选择 40cm、45cm 和 50cm。对上述 B、q、D 的不同取值进行组合，构建基础均衡曲线簇，共有 54 条均衡曲线。选择 B 为 $35m^2/hm^2$，D 为 40cm，不同 q 值下的均衡曲线进行展示（图 9-8）。

9.2.3　最优均衡曲线研究

表 9-6 为慈利县天心阁林场马尾松天然林 54 条潜在不同均衡曲线，在转移矩阵模型支持下的 80 年的模拟结果。整体而言，模拟结果显示所选 54 条均衡曲线的观测株数偏离均衡株数的方差值 var 均小于 0.5，说明在 80 年时所有均衡曲线都可以达到均衡状态。此外，可以看出在相同的胸高断面积（B）及最大胸径（D_{max}）下，随着 q 的增大，每年蓄积量增长量（iv）都呈现逐渐增大的趋势。在 B 为 $35m^2/hm^2$ 和 $40m^2/hm^2$ 时，随着 q 的增大，采伐木平方平均直径 dg 呈现先减小又增大的趋势；而 B

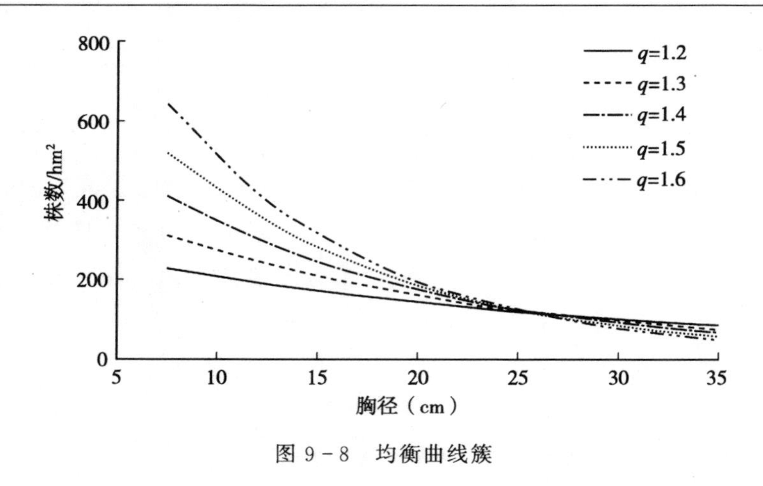

图 9－8　均衡曲线簇

为 $45m^2/hm^2$ 时，dg 呈现减小的趋势。在 80 年后各树种的比例基本表现为其他硬阔最多，栎类次之，马尾松、其他针叶和其他软阔树种最少。

表 9－6　54 条不同均衡曲线下模拟 80 年后的结果

序号	B	D_{max}	q	var	iv	$PM\%$	$QU\%$	$OC\%$	$OH\%$	$OS\%$	V	dg
1	35	40	1.2	0.17	0.83—	16.40↓	17.99—	0.53↑	62.10↑	2.98↑	235.57—	17.71↓
2	35	40	1.3	0.12	0.90—	15.07↓	19.14—	1.00↑	60.95↑	3.85↑	243.98—	17.61↓
3	35	40	1.4	0.10	0.99—	11.24↓	19.18—	1.51↑	59.62↑	8.45—	251.58—	17.24↓
4	35	40	1.5	0.10	1.07—	8.43↓	19.29—	1.13—	54.12↑	17.03—	259.81—	18.13↓
5	35	40	1.6	0.11	1.13—	5.46↑	20.22↑	1.18—	52.99↑	20.16—	263.33—	18.48—
6	35	40	1.7	0.12	1.18—	2.39↓	21.53↑	1.56—	55.13↑	19.39—	262.93—	18.35—
7	35	45	1.2	0.17	0.79—	21.36↓	13.74↑	0.39↑	61.84↑	2.68↑	258.62—	18.13↓
8	35	45	1.3	0.12	0.87—	15.78↓	19.16↑	0.30↑	62.70↑	2.07↑	260.31—	17.60↓
9	35	45	1.4	0.10	0.95—	10.22↓	21.27↑	0.67↑	65.01↑	2.83↑	261.23—	17.21—
10	35	45	1.5	0.09	1.05—	5.49↓	21.48—	0.88↑	63.07↑	9.07—	267.22—	17.30—
11	35	45	1.6	0.10	1.12—	2.96↓	21.68↑	0.78↑	59.74↑	14.85—	269.31—	17.83—
12	35	45	1.7	0.12	1.18—	1.31↓	20.90—	1.00—	62.23↑	14.56—	268.13—	17.99—
13	35	50	1.2	0.16	0.73—	26.30↓	11.85↑	0.40↑	59.61↑	1.84↑	271.08—	17.82↓
14	35	50	1.3	0.11	0.82—	16.30↓	16.14↑	0.29↑	65.36↑	1.91↑	273.27—	17.34↓
15	35	50	1.4	0.09	0.90—	6.89↓	23.42↑	0.23↑	67.62↑	1.84↑	271.25—	17.08↓
16	35	50	1.5	0.08	0.98↓	1.57↓	23.19↑	0.80↑	70.70↑	3.73—	270.58—	17.03—

（续）

序号	B	D_{max}	q	var	iv	PM%	QU%	OC%	OH%	OS%	V	dg
17	35	50	1.6	0.09	1.08—	1.03↓	20.74—	0.69↑	67.46↑	10.08—	272.03—	17.21—
18	35	50	1.7	0.11	1.14—	0.91↓	18.62—	0.75↑	68.02↑	11.70—	271.09—	17.41—
19	40	40	1.2	0.24	0.73—	32.44↓	18.85↑	0.77↑	43.72↑	4.22↑	243.41—	19.25↓
20	40	40	1.3	0.19	0.79—	25.08↓	21.01↑	0.83—	44.44↑	8.64↑	246.36—	18.78↓
21	40	40	1.4	0.15	0.87—	16.26↓	19.59↑	1.17↑	42.93↑	20.05↑	256.03—	18.38↓
22	40	40	1.5	0.11	0.96—	12.13↓	16.21↑	0.88↑	40.89↑	29.89↑	267.44—	18.55—
23	40	40	1.6	0.11	1.03—	9.66↓	15.78—	1.01↑	42.99↑	30.57↑	269.97—	18.32—
24	40	40	1.7	0.11	1.08—	6.69↓	17.12↑	1.12↑	44.73↑	30.33↑	271.68—	17.76—
25	40	45	1.2	0.21	0.70—	39.42↓	13.42↑	0.21↑	45.07↑	1.88↑	273.02—	20.34↓
26	40	45	1.3	0.17	0.75—	31.76↓	19.46↑	0.34↑	46.23↑	2.20↑	268.28—	19.33↓
27	40	45	1.4	0.13	0.84—	21.19↓	20.53↑	0.68—	48.54↑	9.06↑	268.22—	17.91↓
28	40	45	1.5	0.11	0.91—	14.41↓	19.03↑	0.70↑	44.95↑	20.91—	275.03—	18.41↓
29	40	45	1.6	0.10	0.99—	10.06↓	17.51↑	0.71↑	46.46↑	25.26↑	277.75—	18.39—
30	40	45	1.7	0.10	1.05—	5.35↓	19.18↑	0.82↑	48.92↑	25.74—	277.98—	18.00—
31	40	50	1.2	0.17	0.65—	43.15↓	10.20↑	0.20↑	44.62↑	1.83↑	295.01—	20.25↓
32	40	50	1.3	0.14	0.72—	35.33↓	15.40↑	0.15↑	47.52↑	1.61↑	287.14—	18.80↓
33	40	50	1.4	0.11	0.80—	25.37↓	20.05↑	0.32↑	51.15↑	3.11↑	279.56—	17.41↓
34	40	50	1.5	0.09	0.88—	16.48↓	19.89↑	0.37—	49.73↑	13.52↑	282.92—	17.27↓
35	40	50	1.6	0.09	0.95—	9.79↓	20.08↑	0.57↑	49.15↑	20.41—	283.06—	17.87—
36	40	50	1.7	0.09	1.01—	3.58↓	20.29↑	0.67↑	52.93↑	22.53—	281.70—	17.94—
37	45	40	1.2	0.31	0.63—	45.77↓	15.27↑	0.73↑	31.97↑	6.26↑	256.71—	21.78↓
38	45	40	1.3	0.12	0.90—	15.07↓	19.14—	1.00↑	60.95↑	3.85↑	243.98—	17.61↓
39	45	40	1.4	0.21	0.77—	28.29↓	13.30↑	0.54↑	30.15↑	27.73↑	266.53—	19.09↓
40	45	40	1.5	0.17	0.87—	20.20↓	14.38↑	0.57↑	32.54↑	32.30↑	268.06—	17.66↓
41	45	40	1.6	0.14	0.96—	13.54↓	14.81↑	0.73↑	37.04↑	33.89↑	269.81—	17.08↓
42	45	40	1.7	0.13	1.02—	10.31↓	14.53—	0.88↑	39.12↑	35.16↑	273.70—	16.63↓
43	45	45	1.2	0.30	0.59—	54.56↓	11.76↑	0.24↑	31.40↑	2.03↑	289.69—	24.83↓
44	45	45	1.3	0.26	0.64—	46.85↓	14.33↑	0.43↑	33.06↑	5.34↑	280.21—	22.44↓
45	45	45	1.4	0.21	0.71—	35.07↓	14.20↑	0.47↑	33.83↑	16.43↑	278.90—	20.12↓
46	45	45	1.5	0.15	0.81—	25.74↓	13.51↑	0.37↑	32.92↑	27.45↑	283.21—	18.13↓
47	45	45	1.6	0.13	0.90—	16.37↓	15.65↑	0.46↑	37.58↑	29.95↑	280.09—	16.99↓
48	45	45	1.7	0.12	0.97—	10.76↓	15.78↑	0.58↑	41.41↑	31.47↑	281.45—	16.58↓
49	45	50	1.2	0.24	0.55—	56.77↓	9.17↑	0.11—	32.62↑	1.33↑	315.47—	24.59↓

（续）

序号	B	D_{max}	q	var	iv	$PM\%$	$QU\%$	$OC\%$	$OH\%$	$OS\%$	V	dg
50	45	50	1.3	0.22	0.60—	49.98↓	14.18↑	0.10—	34.44↑	1.31↑	300.78—	22.99↓
51	45	50	1.4	0.18	0.67—	38.57↓	15.42↑	0.45↑	37.58↑	7.97↑	290.02—	19.96↓
52	45	50	1.5	0.14	0.75—	28.97↓	14.16↑	0.33↑	35.38↑	21.16↑	291.37—	18.28↓
53	45	50	1.6	0.12	0.84—	19.55↓	15.29↑	0.35↑	38.07↑	26.74↑	288.77—	16.88↓
54	45	50	1.7	0.11	0.92—	10.25↓	17.46↑	0.44—	42.98↑	28.87↑	286.74—	16.35—

注：B 是均衡曲线的胸高断面积（m^2/hm^2），D_{max}是最大胸径，var 为观测株数偏离均衡株数的方差值，iv 是每年蓄积量增长量 [$m^3/(a \cdot hm^2)$]，$PM\%$是马尾松所占百分比，$QU\%$是栎类所占百分比，$OC\%$是其他针叶所占百分比，$OH\%$是硬阔所占百分比，$OS\%$是软阔所占百分比，V 是蓄积量（m^3/hm^2），dg 是采伐木平方平均直径（cm）。“—”表示数值在模拟期的最后 20 年基本稳定，“↑”表示在模拟期的最后 20 年数值在上升，“↓”表示下降。

仅从 var 来看，均衡曲线 49 和 50 经过 20 年模拟后达到 $var<0.5$；均衡曲线 7，13～18，31～36，43，51～54 经过 15 年后达到 $var<0.5$，均衡曲线 8，9，25～28，44～46 经过 10 年后达到达到 $var<0.5$，均衡曲线 1，2，10～12，19，20，29，30，47，48 经过 5 年达到 $var<0.5$，而其余均衡曲线初始年份 var 即小于 0.5。但是，仅仅根据 $var<0.5$，并不能确定最终的均衡曲线，还要参照最大蓄积量、最大的连年生长量、最大的采伐木平方平均直径这几个指标，同时还要综合这几个指标以及树种组成在一段期间内的稳定情况进行综合判定。本研究对模拟期的最后 20 年（60～80 年间）的树种组成变化进行了分析，结果表明均衡曲线 16（B 为 $35m^2/hm^2$，D_{max}为 50cm，q 为 1.5）具有最小的 var 值（为 0.08）。均衡曲线 12（B 为 $35m^2/hm^2$，D_{max}为 45cm，q 为 1.7）具有最大的蓄积量年增长量 [iv 为 $1.18m^3/(a \cdot hm^2)$]。均衡曲线 49（B 为 $45m^2/hm^2$，D_{max}为 50cm，q 为 1.2）具有最大的蓄积量（V 为 $315.47m^3/hm^2$）。均衡曲线 43（B 为 $45m^2/hm^2$，D_{max}为 45cm，q 为 1.2）有最大的采伐木平方平均直径（dg 为 24.83cm）。

基础均衡曲线 16、43 和 49 树种组成并不稳定，随着时间变化存在着明显的波动（表 9－6），因此不能作为最优均衡曲线的备选曲线。均衡曲线 12（B 为 $35m^2/hm^2$，D_{max}为 45cm，q 为 1.7），在达到均衡结构时，具有最大的蓄积量年增长量 [iv 为 $1.18m^3/(a \cdot /hm^2)$]，同时该均衡曲线的其他评价指标也表现较为优秀，如 var 值为 0.12＜0.5，蓄积量 V 为 268.13m^3/hm^2，采伐木平方平均直径 dg 为 17.99cm。此外，该均衡曲线后 20 年（60～80 年间），树种组成基本保持稳定，未见明显波动，仅有马尾松蓄积比例有微弱的下降趋势、其他硬阔比例有微弱的上升趋势。因此，均衡曲线 12 为最终固碳能力最优的均衡曲线，均衡曲线 12 的模拟过程如图 9－9 所示。

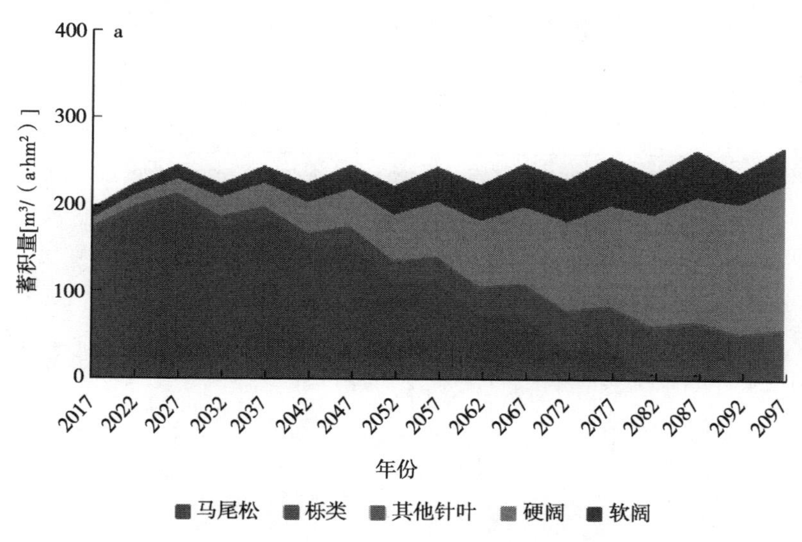

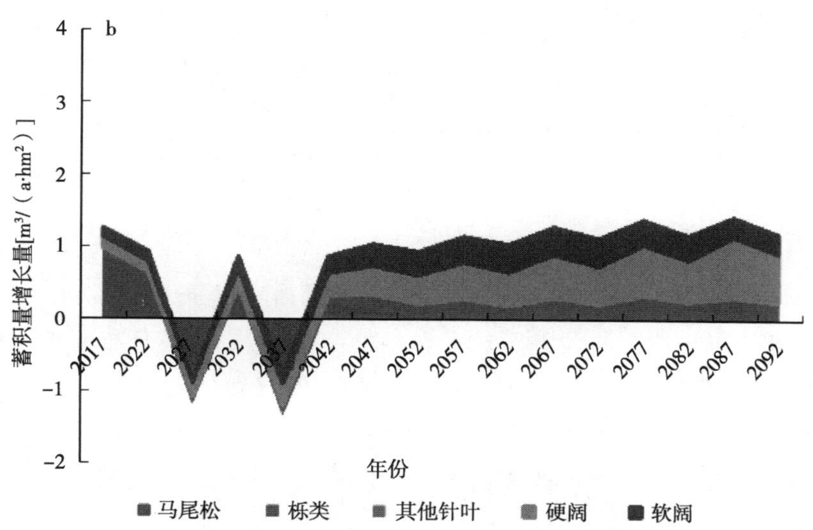

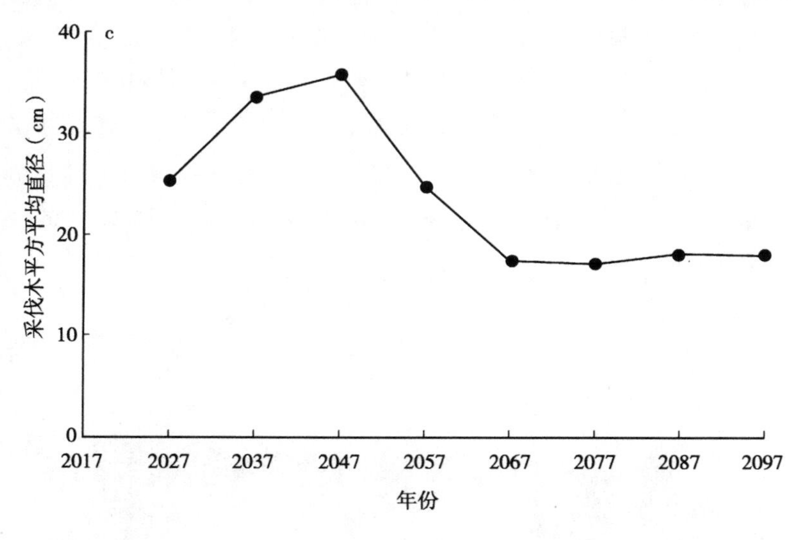

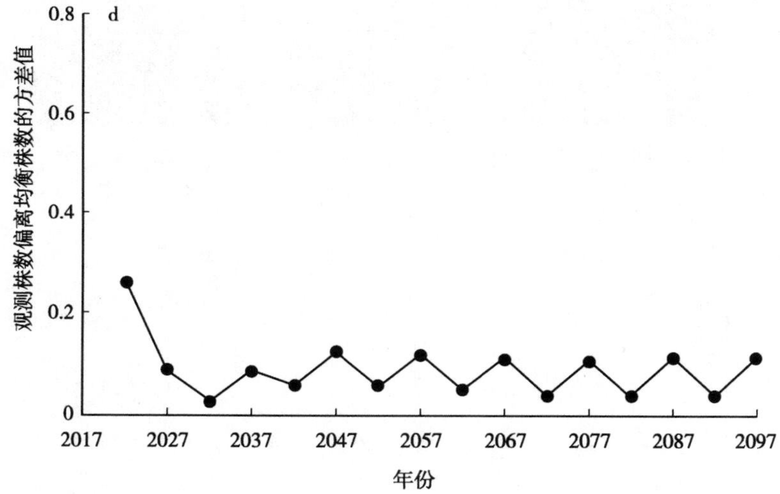

图 9-9　$B=35\text{m}^2/\text{hm}^2$，$D=45\text{cm}$，$q=1.7$ 的均衡曲线下模拟 80 年的结果

初始直径分布和均衡曲线模拟 80 年后的直径分布如图 9-10 所示。初始直径分布与均衡曲线差距较大，经过 80 年后，直径分布逼近均衡曲线。初始树种组成在 5 径阶马尾松、栎类、硬阔和软阔株数比例差别不大，但是较大径阶的树种几乎均为马尾松。而经过 80 年后，在每个径阶硬阔都占了最大的比例，栎类其次，尤其是大径阶的树种组成几乎均为硬阔树种。

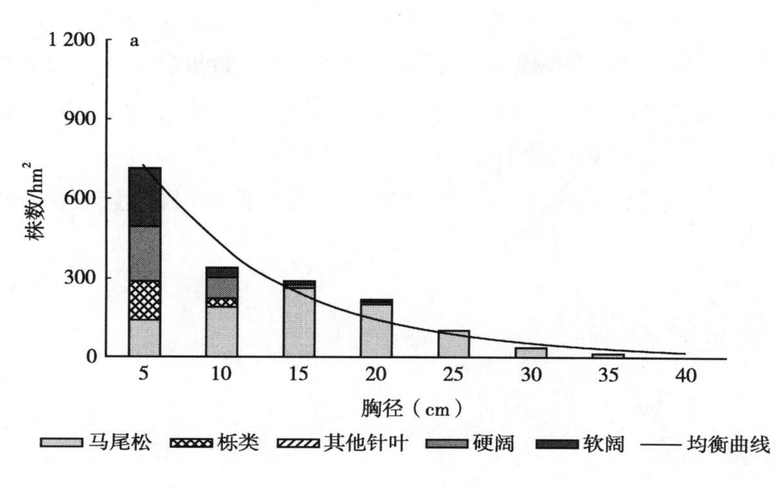

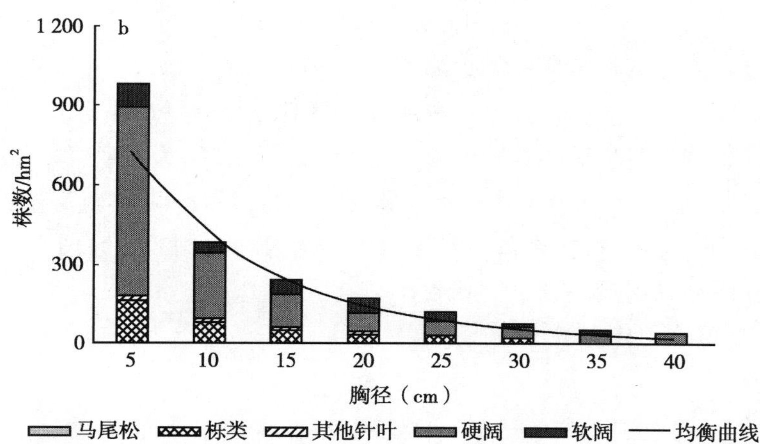

图 9－10　初始直径分布（a）和 $B=35\mathrm{m}^2/\mathrm{hm}^2$，$D=45\mathrm{cm}$，$q=1.7$ 的均衡曲线下模拟 80 年后的直径分布（b）

9.2.4　结论

本研究最终确定湖南省慈利县天心阁林场典型的天然次生林的最优均衡曲线为 $B=35\mathrm{m}^2/\mathrm{hm}^2$，$D=45\mathrm{cm}$，$q=1.7$。该均衡稳定时有最大的蓄积量年增长量 iv 为 $1.18\mathrm{m}^3/(\mathrm{a}\cdot\mathrm{hm}^2)$，$var$ 值为 $0.12<0.5$，蓄积量 V 为 $268.13\mathrm{m}^3/\mathrm{hm}^2$，采伐木平方平均直径 dg 为 17.99cm。该均衡曲线作为目

标导向结构，适用于湖南省慈利县天然次生林经营以及马尾松人工纯林的近自然化改造等工作。本研究的模拟结果表明，如果按照均衡曲线，以10年为一个经理期对森林进行调整，森林结构将会逐步逼近均衡曲线达到均衡状态，同时森林的树种组成将由当前的以马尾松为主，过渡为以乡土硬阔树种及栎类树种为主的异龄混交林，实现森林树种组成及结构的整体提升。

9.3 固碳潜力图

9.3.1 构建转移矩阵模型

模型的一般形式：

$$\boldsymbol{y}_{t+1} = \boldsymbol{G}_t(\boldsymbol{y}_t - \boldsymbol{h}_t) + \boldsymbol{R}_t + \varepsilon_t \qquad (9-28)$$

其中，$\boldsymbol{G}_t$为径阶转移概率矩阵，$\boldsymbol{y}_t = [Y_{ijt}]$ 是一个表示在 t 时刻树种组 i（$i=1, 2, 3, \cdots, n$，n 为树种组）和径阶 j（$j=1, 2, 3, \cdots, m$，m 为径阶）的单位面积株数的列向量；$\boldsymbol{h}_t = [H_{ijt}]$，$H_{ijt}$ 为 t 时刻树种组 i 和径阶 j 的采伐量，当 $\boldsymbol{h}_t = 0$ 时，为无采伐的自然状态；$\boldsymbol{G}_t$是一个描述树在 t 和 $t+1$ 之间生长和死亡状态的转移矩阵；$\boldsymbol{R}_t$为在时间 t 和时间 $t+1$ 之间每个树种组进界到最小径阶的株数。

G、**R** 矩阵的定义如下：

$$\boldsymbol{G} = \begin{bmatrix} \boldsymbol{G}_1 & & & \\ & \boldsymbol{G}_2 & & \\ & & \ddots & \\ & & & \boldsymbol{G}_m \end{bmatrix}, \boldsymbol{G}_i = \begin{bmatrix} \boldsymbol{a}_{i1} & & & & \\ \boldsymbol{b}_{i1} & \boldsymbol{a}_{i2} & & & \\ & \ddots & \ddots & & \\ & & \boldsymbol{b}_{i,n-2} & \boldsymbol{a}_{i,n-1} & \\ & & & \boldsymbol{b}_{i,n-1} & \boldsymbol{a}_{in} \end{bmatrix}$$

$$\boldsymbol{R} = \begin{bmatrix} \boldsymbol{R}_1 \\ \boldsymbol{R}_2 \\ \vdots \\ \boldsymbol{R}_m \end{bmatrix}, \boldsymbol{R}_i = \begin{bmatrix} R_i \\ \boldsymbol{0} \\ \vdots \\ \boldsymbol{0} \end{bmatrix} \qquad (9-29)$$

转移矩阵模型一般包括上升概率模型、保留概率模型和枯损概率模型三个子模型。上升概率 b_{ij} 即在时间 t 到 $t+1$ 之间从 j 径阶上升一个径阶

到 $j+1$ 径阶的概率；保留概率 a_{ij} 为在时间 t 到 $t+1$ 之间第 j 径阶仍保留在第 j 径阶在的概率即保留率；枯损概率 m_{ij} 即第 j 径阶在时间 t 到 $t+1$ 之间枯损的概率。a_{ij} 可以用以下公式计算：

$$a_{ij} = 1 - b_{ij} - m_{ij} \tag{9-30}$$

a_{ij}、b_{ij} 和 m_{ij} 分别为树木的保留概率、上升概率和枯损概率。在固定概率转移矩阵模型中，它们被假定为与林分状况无关，因此随着时间的推移是恒定的（Liang and Picard，2013；Lin and Buongiorno，1997）。然而，这种假设很少能得到满足并且可能存在问题，尤其是在进行长期预测时（Johnson et al.，1991；Roberts and Hruska，1986）。因此，在进行预测时考虑林分状况的可变参数转移矩阵模型更可靠（Lin and Buongiorno，1997）。在本研究中，采用了可变参数转移矩阵的方法，因此 $\boldsymbol{G}_t$ 是一个与林分状态相关的转换矩阵。

g_{ij} 的计算方法如下：

$$\begin{aligned} g_{ij} = {} & \beta_{i1} + \beta_{i2} \cdot DBH_j + \beta_{i3} \cdot DBH_j{}^2 + \beta_{i4} \cdot BA + \\ & \beta_{i5} \cdot H_{sd} + \beta_{i6} \cdot HT + \beta_{i7} \cdot ST + \beta_{i8} \cdot SL\cos ASP + \\ & \beta_{i9} \cdot \cos ASP \ln EL + \mu_{ij} \end{aligned} \tag{9-31}$$

其中，DBH_j 为胸径（cm）；BA 为林分的胸高断面积（m^2/hm^2）；H_{sd} 为 Shannon 指数中的林分总多样性；HT 为腐殖质厚度（cm）；ST 为土壤厚度（cm）；$SL\cos ASP$ = 坡度× cos（坡向）（Stage，1976；Wang et al.，2019；Wang et al.，2020）；$\cos ASP\ln EL$= cos（坡向）×ln（海拔）（Liang，2010；Stage，1976）；βs 为参数；μ_{ij} 为误差。

进界模型 R_i 采用 Tobit 模型拟合：

$$R_i = \Omega\left(\frac{\gamma_i x_i}{\sigma_i}\right)\gamma_i x_i + \sigma_i\omega\left(\frac{\gamma_i x_i}{\sigma_i}\right) \tag{9-32}$$

$$\begin{aligned} \gamma_i x_i = {} & \gamma_{i1} + \gamma_{i2} \cdot N_i + \gamma_{i3} \cdot BA + \gamma_{i4} \cdot H_{sd} + \\ & \gamma_{i5} \cdot HT + \gamma_{i6} \cdot ST + \gamma_{i7} \cdot SL\cos ASP + \\ & \gamma_{i8} \cdot \cos ASP \ln EL + v_i \end{aligned} \tag{9-33}$$

其中，N_i 为树种组 i 的每公顷的株数；Ω 和 ω 分别为标准正态累积函数和密度函数；σ_i 是估计参数 γ 时得到的残差 v_i 的标准差。

用 Probit 模型（Ai and Norton，2003；Norton et al.，2004）来表示

树木每年死亡的概率 m_{ij}：

$$m_{ij} = \frac{M_{ij}}{T} = \frac{1}{T}\Omega(\delta_{i1} + \delta_{i2} \cdot DBH_j + \delta_{i3} \cdot DBH_j{}^2 + \delta_{i4} \cdot BA + \delta_{i5} \cdot H_{sd} + \delta_{i6} \cdot HT + \delta_{i7} \cdot ST + \delta_{i8} \cdot SL\cos ASP + \delta_{i9} \cdot \cos ASP\ln EL + \varepsilon_{ij}) \quad (9-34)$$

式中，M_{ij} 为树种组 i、径阶 j 的树木在 T 年内死亡的概率；δs 为参数；ξ_{ij} 是误差。

模型中的变量见表 9－7。

表 9－7　模型中的变量汇总

变量	定　义
g	平均每年胸径生长量（cm/y）
r	平均每年进界到最小径阶的株数（trees/hm²）
M	5 年内树的死亡率，五年内死亡记为 1，存活记为 0
DBH	树木胸径（cm）
N	林分密度（trees/hm³）
BA	林分的胸高断面积（m²/hm²）
H_{sd}	用 Shannon 指数计算的林分总多样性
GSP	平均生长季（4—9 月）降水量（mm）
$Aspect$	样地坡向，北为 0，西为 90°，南为 180°，东为 270°
ST	土壤厚度（cm）

胸径生长模型、进界模型和枯损模型的建模结果如表 9－8、表 9－9 和表 9－10 所示。由表 9－8 可知，胸径生长量与各树种组的胸径 DBH 均呈显著的正相关（$P<0.05$，表 9－8），而 DBH^2 与除 OC 外各树种组的胸径生长量均呈极显著的负相关（$P<0.01$，表 9－8），即胸径生长量与胸径存在抛物线的关系。五个树种组的胸径生长量均与林分胸高断面积 BA 呈极显著负相关（$P<0.01$，表 9－8），即林分胸高断面积越大，胸径的年生长量越小。QU 树种组的胸径生长量与 H_{sd} 呈显著正相关（$P<0.05$，表 9－8），与 PM、OC、OH、OS 呈极显著负相关（$P<0.01$，表 9－8）。土壤腐殖质厚度 HT 与 PM 和 OH 树种组的胸径生长量呈显著正相关

（$P<0.05$，表9-8），与 QU 和 OC、OS 树种组呈显著负相关（$P<0.05$，表9-8）。5个树种组的胸径生长量均与土壤厚度 ST 呈极显著正相关（$P<0.01$，表9-8）。

表9-8　胸径生长模型的拟合参数估计表

	PM	*QU*	*OC*	*OH*	*OS*
Intercept	$3.79\times10^{-1***}$	$2.52\times10^{-1***}$	$4.91\times10^{-1***}$	$2.73\times10^{-1**}$	$3.89\times10^{-1***}$
DBH	$3.01\times10^{-2***}$	$2.01\times10^{-2***}$	$7.35\times10^{-3**}$	$2.58\times10^{-2***}$	$3.15\times10^{-2***}$
DBH^2	$-3.85\times10^{-4***}$	$-3.46\times10^{-4***}$	8.38×10^{-5}	$-4.38\times10^{-4***}$	$-6.17\times10^{-4***}$
BA	$-1.65\times10^{-2***}$	$-1.08\times10^{-2***}$	$-1.07\times10^{-2***}$	$-7.93\times10^{-3***}$	$-8.10\times10^{-3***}$
H_{sd}	$-7.75\times10^{-2***}$	$3.57\times10^{-2**}$	$-5.44\times10^{-2***}$	$-4.96\times10^{-2***}$	$-7.76\times10^{-2***}$
HT	$2.64\times10^{-3***}$	$-3.49\times10^{-3***}$	$-2.97\times10^{-3***}$	$1.59\times10^{-3**}$	$-2.30\times10^{-3**}$
ST	$1.48\times10^{-3***}$	$8.56\times10^{-4***}$	$7.58\times10^{-4***}$	$1.89\times10^{-3***}$	$1.21\times10^{-3***}$
*SL*cos*ASP*	$-2.15\times10^{-3***}$	$-1.39\times10^{-3*}$	$2.14\times10^{-3***}$	$-2.38\times10^{-3***}$	$-2.39\times10^{-3**}$
cos*ASP*ln*EL*	$7.69\times10^{-3***}$	$8.04\times10^{-3*}$	$-1.06\times10^{-2***}$	$1.15\times10^{-2***}$	$1.21\times10^{-2**}$
R^2_{Na}	0.33	0.24	0.24	0.24	0.23
AIC	3 499.11	1 250.38	1 816.85	1 529.05	1 412.36
BIC	3 567.55	1 312.36	1 881.34	1 591.37	1 471.76
Log*lik*	−1 739.55	−615.19	−898.42	−754.53	−683.43
df	6 928	3 627	4 661	3 750	2 795

注：①*PM* 为马尾松，*QU* 为栎类，*OC* 为其他针叶（主要是杉木），*OH* 为其他硬阔，*OS* 为其他软阔；②R^2_{Na}：Nagelkerke's 伪 R^2；③ * $P<0.10$；** $P<0.05$；*** $P<0.01$.

由进界模型的估计结果可知，该树种组的每公顷株数 N_i 与该树种组的进界均呈现极显著的正相关（$P<0.01$，表9-9），说明该树种组的株数越多，该树种组的进界数越多。林分胸高断面积 BA 与各树种组的进界均呈极显著的负相关（$P<0.01$，表9-9），即林分密度抑制林分内的进界。H_{sd} 对 QU、OH 和 OS 树种组的进界呈显著的正相关（$P<0.05$，表9-9），与 PM 树种组呈显著的负相关（$P<0.01$，表9-9）。ST 与 OC 树种组的进界呈正相关。$SL\cos ASP$ 和 $\cos ASP\ln EL$ 与除 PM 外的所有树种组的进界均无显著影响。

表 9-9　进界模型的参数估计表

	PM	*QU*	*OC*	*OH*	*OS*
Intercept	2.08×10^{1} **	-2.65×10^{1} **	-3.63×10^{1} ***	-8.61×10^{0}	-9.05×10^{0}
N_i	4.00×10^{-2} ***	5.77×10^{-2} ***	6.92×10^{-2} ***	5.41×10^{-2} ***	6.33×10^{-2} ***
BA	-1.83×10^{0} ***	-2.00×10^{0} ***	-1.90×10^{0} ***	-1.28×10^{0} ***	-1.02×10^{0} ***
H_{sd}	-1.90×10^{1} ***	1.76×10^{1} ***	8.98×10^{0}	7.62×10^{0} **	8.33×10^{0} **
HT	-5.17×10^{-3}	-2.61×10^{-1}	-2.99×10^{-1}	9.14×10^{-1} ***	2.76×10^{-1}
ST	1.36×10^{-1}	1.75×10^{-1}	2.54×10^{-1} *	8.63×10^{-2}	4.30×10^{-2}
*SL*cos*ASP*	5.76×10^{-1} **	2.28×10^{-1}	9.01×10^{-3}	-1.52×10^{-1}	-2.48×10^{-1}
cos*ASP*ln*EL*	-3.78×10^{0} ***	-8.38×10^{-1}	1.18×10^{0}	4.96×10^{-1}	1.48×10^{0}
log*Sigma*[2]	3.36×10^{0} ***	3.60×10^{0} ***	3.79×10^{0} ***	3.27×10^{0} ***	3.31×10^{0} ***
R^2_{adj}	0.38	0.22	0.20	0.27	0.19
AIC	1 425.02	2 120.37	1 785.58	2 294.80	2 202.35
BIC	1 459.22	2 154.56	1 819.77	2 329.00	2 236.54
Log*lik*	−703.51	−1 051.18	−883.79	−1 138.40	−1 092.18
n[3]	132 330	193 330	154 330	228 330	214 116

注：①*PM* 为马尾松，*QU* 为栎类，*OC* 为其他针叶（主要是杉木），*OH* 为其他硬阔，*OS* 为其他软阔；②log*Sigma*：残差标准差的对数；③有进界木的样地的个数，总样地个数；④ * $P<0.10$；** $P<0.05$；*** $P<0.01$.

由枯损模型的结果可知：除 *OS* 树种组外，所有树种组的胸径与枯损均呈显著负相关（$P<0.05$，表 9-10）。*BA* 与 *OH* 树种组的枯损模型呈显著正相关（$P<0.01$，表 9-10）。*PM* 树种组、*QU* 树种组和 *OC* 树种组的 H_{sd} 与枯损呈显著正相关（$P<0.01$，表 9-10），而 *OH* 树种组的 H_{sd} 与枯损呈显著负相关（$P<0.05$，表 9-10）。*HT* 与 *PM* 和 *QU* 树种组的枯损呈显著正相关（$P<0.05$，表 9-10）。*ST* 与 *PM* 和 *OH* 树种组的枯损呈显著负相关（$P<0.01$，表 9-10）。*SL*cos*ASP* 与 *OC* 树种组的枯损呈显著正相关（$P<0.01$，表 9-10），与 *OS* 呈显著的负相关（$P<0.05$，表 9-10）。而 cos*ASP*ln*EL* 与 *PM* 和 *OC* 树种组的枯损呈显著负相关（$P<0.05$，表 9-10），而与 *OS* 呈显著的正相关（$P<0.05$，表 9-10）。*MAT* 与 *OH* 和 *OS* 的枯损率呈显著正相关（$P<0.01$，表 9-10）。

GSP 与 *OC* 的枯损率呈显著正相关（$P<0.05$，表9-10）。

表9-10　枯损模型的参数估计表

	PM	*QU*	*OC*	*OH*	*OS*
Intercept	-2.50×10^{0}***	-1.96×10^{0}***	-2.94×10^{0}***	-7.80×10^{-1}***	-1.29×10^{0}***
DBH	-1.02×10^{-1}***	-1.53×10^{-2}	-1.40×10^{-1}***	-4.98×10^{-2}**	5.30×10^{-2}
DBH^2	5.24×10^{-4}	-2.92×10^{-4}	3.11×10^{-3}*	9.26×10^{-4}	-4.03×10^{-3}*
BA	-1.56×10^{-3}	-6.72×10^{-3}	7.91×10^{-3}	2.31×10^{-2}***	-2.65×10^{-4}
H_{sd}	1.37×10^{0}***	2.76×10^{-1}***	7.17×10^{-1}***	-2.49×10^{-1}**	-6.87×10^{-2}
HT	1.13×10^{-2}**	1.97×10^{-2}***	-9.24×10^{-3}	4.19×10^{-3}	-1.13×10^{-3}
ST	-9.90×10^{-3}***	-1.05×10^{-3}	-9.14×10^{-4}	-5.61×10^{-3}***	-8.05×10^{-4}
*SL*cos*ASP*	4.88×10^{-3}	-3.04×10^{-3}	3.23×10^{-2}***	1.11×10^{-2}*	-1.20×10^{-2}**
cos*ASP*ln*EL*	-4.27×10^{-2}**	2.75×10^{-2}	-1.46×10^{-1}***	-5.18×10^{-2}*	6.54×10^{-2}**
AIC	2 062.27	1 666.12	420.18	1 646.65	1 709.22
BIC	2 124.32	1 722.44	478.32	1 703.26	1 763.45
Log*lik*	−1 022.14	−824.06	−201.09	−814.32	−845.61
df	7 276	3 850	4 713	3 974	3 048

注：①*PM* 为马尾松，*QU* 为栎类，*OC* 为其他针叶（主要是杉木），*OH* 为其他硬阔，*OS* 为其他软阔；② * $P<0.10$；** $P<0.05$；*** $P<0.01$.

选取国家森林资源连续清查中第7期（2004年）、第8期（2009年）、第9期（2014年）中湖南省马尾松天然林样地建立转移矩阵模型，共选择样地330块，数据22 906个。在建模过程中将树种分为五类，分别为马尾松（PM）占比31.80%、栎类（QU）占比16.85%、以杉木为主的其他针叶（OC）占比20.61%、其他硬阔（OH）占比19.36%、其他软阔（OS）占比13.35%。

9.3.2　碳储量计算

采用转移矩阵模型模拟四种不同间伐强度下的马尾松林和青冈林的蓄积量从2019至2099年共80年间的变化，模拟步长值为5年。

采用生物量换算因子连续函数法估计森林生物量，即利用单位面积蓄积量 V（m^3/hm^2）估算该森林类型的单位面积生物量 B（t/hm^2），湖南省各林分的生物量与蓄积量回归方程见表 9－11。而单位面积的固碳量（t/hm^2），用单位面积生物量（t/hm^2）乘以其平均碳含量（g/g）得到，湖南省现有森林植被的算术平均碳含量见表 9－12。

表 9－11 各乔木林类型生物量与蓄积量回归方程[1-3]

乔木林类型	生物量—蓄积量回归方程	相关系数
马尾松林	$B=0.5101V+1.0451$	0.92
其他松林	$B=0.5168V+33.2378$	0.97
杉木林	$B=0.3999V+22.5410$	0.97
三杉林	$B=0.4158V+41.3318$	0.94
柏木林	$B=0.6129V+26.1451$	0.98
杨树林	$B=0.4754V+30.6034$	0.93
阔叶林	$B=1.0357V+8.0591$	0.91

表 9－12 湖南省现有森林植被的算术平均碳含量

乔木林类型	马尾松林	湿地松林	杉木林	柏木林	杨树林	阔叶林
平均值	0.520	0.515	0.508	0.551	0.494	0.498
标准差	0.04	0.04	0.04	0.02	0.02	0.03

9.3.3 模型模拟

1. 最优均衡曲线经营下模拟

对湖南省慈利县天心阁林场，在充分踏查的基础上，选取了典型的马尾松天然次生林，并建立了 11 块样地，样地大小为 20m×20m，利用 2017 年调查数据进行研究。

首先，在综合分析马尾松天然次生林结构的基础上，得出 54 条潜在的基础均衡曲线簇；其次，在所构建的转移矩阵模型的支持下，对基础均衡曲线簇进行了模拟，结果显示均衡曲线 12（B 为 $35m^2/hm^2$，D_{max} 为 45cm，q 为 1.7），在达到均衡结构时，具有最大的蓄积量年增长量［iv 为 $1.18m^3/(a\cdot hm^2)$］，同时该均衡曲线的其他评价指标也表现较为优秀，选择均衡曲线 12 为最终固碳能力最优的均衡曲线。

采用转移矩阵模型进行模拟，每模拟一个经理期（10年），将林分的直径分布与均衡曲线进行对比，并采伐超过最优均衡曲线的多余林木，从而维持均衡状态，然后再进行模拟，重复上述步骤直到模拟时间达到或接近100年。模拟得到100年内的树种直径分布，并采用生物量换算因子连续函数法估计森林生物量，即利用单位面积蓄积量V（m^3/hm^2）估算该森林类型的单位面积生物量B（t/hm^2）。而单位面积的固碳量（t/hm^2）即碳密度，用单位面积生物量（t/hm^2）乘以其平均碳含量（g/g）得到。

2. 不进行经营活动下的模拟

利用建立的转移矩阵模型进行碳储量的模拟，此次模拟不对模拟结果进行直径分布与均衡曲线的对比和采伐，作为自然状态下（不进行经营活动）的模拟，模拟时间为100年。同样得到100年内的树种直径分布，采用和均衡曲线经营下相同的方式计算每公顷固碳量。

找到均衡曲线模拟得到的碳储量C_1初次大于不进行经营活动下的碳储量C_2的时间点，本研究中15年后（2032年）均衡曲线模拟得到的林分碳储量C_1'大于不进行经营活动下的碳储量C_2'。

计算均衡曲线模拟下15年间的生长率。

$$P_1 = \sqrt[15]{C_1'/C_0} - 1 \tag{9-35}$$

式中，P_1为均衡曲线经营下生长率，C_1'为均衡曲线经营模拟得到的2032年每公顷固碳量，C_0为初期每公顷固碳量。

$$P_2 = \sqrt[15]{C_2'/C_0} - 1 \tag{9-36}$$

式中，P_2为不进行经营活动下生长率，C_2'为不进行经营活动模拟得到的2032年每公顷固碳量，C_0为初期每公顷固碳量。

9.3.4 次生林未来碳储量情景模拟

1. 不考虑间伐后补植

由表9-13和图9-11可知，2044年之后四种不同间伐处理下的马尾松林碳储量均增长缓慢直至基本稳定，且间伐强度50%、30%、15%下的碳储量均高于对照组，可见间伐可以提高森林的固碳潜力。接近稳定状态时三种不同的间伐强度处理下的碳储量差异不大，间伐强度30%下的碳储量略高于间伐强度50%和15%的碳储量。

表 9-13 不同间伐强度下马尾松林的碳储量的模拟值（不考虑补植）

年份	碳储量（t/hm²）			
	间伐 50%	间伐 30%	间伐 15%	对照
2019	32.24	32.17	43.21	54.80
2024	42.19	42.17	53.21	62.14
2029	51.77	51.30	61.35	67.09
2034	60.28	59.50	67.64	70.51
2039	67.53	66.58	72.50	72.91
2044	73.53	72.57	76.31	74.81
2049	78.40	77.53	79.37	76.40
2054	82.32	81.63	81.96	77.81
2059	85.45	84.99	84.20	79.14
2064	87.94	87.71	86.18	80.47
2069	89.94	89.94	87.96	81.86
2074	91.53	91.77	89.60	83.34
2079	92.82	93.27	91.13	84.92
2084	93.87	94.53	92.57	86.62
2089	94.73	95.59	93.93	88.44
2094	95.46	96.50	95.22	90.35
2099	96.08	97.30	96.45	92.31

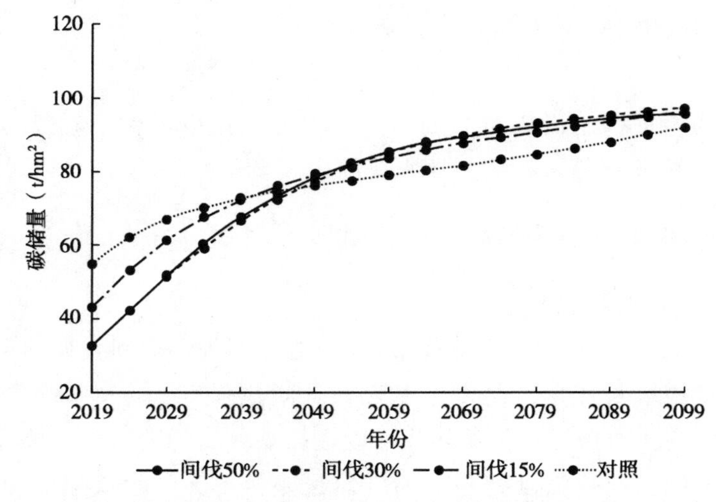

图 9-11 不同间伐强度下马尾松林的碳储量的模拟值（不考虑补植）

由表9－14和图9－12可知，2059年之后四种间伐处理下的青冈林碳储量均增长缓慢直至稳定不变。间伐强度50%、30%和对照组稳定状态下的碳储量几乎相同，而间伐15%强度下2099年碳储量最高且还在继续增长，间伐强度为15%的青冈林具有最大的固碳潜力。

表9－14 不同间伐强度下青冈林的碳储量的模拟值（不考虑补植）

年份	碳储量（t/hm²）			
	间伐50%	间伐30%	间伐15%	对照
2019	36.18	38.45	50.96	44.71
2024	44.71	46.70	60.30	54.91
2029	53.69	55.38	68.09	64.03
2034	62.30	63.47	74.05	71.32
2039	69.97	70.57	78.38	76.81
2044	76.34	76.46	81.48	80.81
2049	81.36	81.15	83.97	83.80
2054	85.16	84.77	86.02	86.13
2059	87.99	87.51	87.78	88.01
2064	90.15	89.63	89.42	89.62
2069	91.81	91.31	91.02	91.05
2074	93.12	92.66	92.63	92.33
2079	94.17	93.74	94.39	93.49
2084	95.03	94.62	96.58	94.56
2089	95.73	95.35	99.46	95.60
2094	96.32	95.97	103.18	96.66
2099	96.83	96.49	107.95	97.89

2. 考虑间伐后补植

对马尾松林间伐强度为50%、30%、15%的林分和青冈林间伐强度为50%和30%的林分进行补植，不同的间伐强度补植的株数不同，补植的树种为青冈栎、香樟、桢楠、黄檀、麻栎。通过查阅资料得到补植的幼苗长到起测胸径需要的时间分别为：青冈约为10年，香樟约为5年，桢楠约为10年，黄檀约为5年，麻栎约为5年。在各树种达到起测径阶时

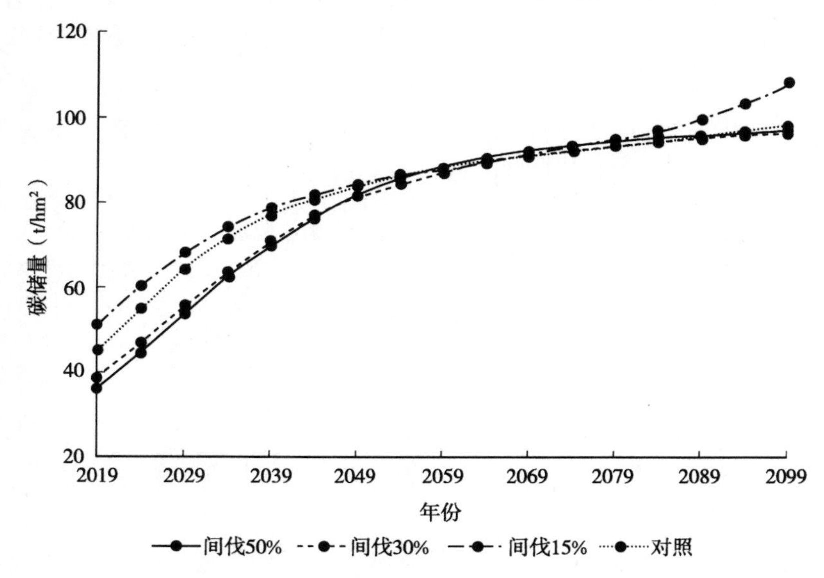

图 9－12 不同间伐强度下青冈林的碳储量的模拟值（不考虑补植）

加入模型中。

由表 9－15 和图 9－13 可知，不同间伐强度下的马尾松林的碳储量在 2049 年后增长缓慢并慢慢保持平稳。最终各间伐强度下的碳储量差异不大，间伐强度为 30％强度下的碳储量略高于其他三种处理。

表 9－15 不同间伐强度下马尾松林的碳储量的模拟值（考虑补植）

年份	碳储量（t/hm²）			
	间伐 50％	间伐 30％	间伐 15％	对照
2019	32.24	32.17	43.21	54.80
2024	38.46	43.42	53.84	62.14
2029	50.77	53.96	62.30	67.09
2034	60.05	62.13	67.94	70.51
2039	67.34	68.83	72.16	72.91
2044	72.81	74.19	75.39	74.81
2049	76.81	78.42	78.01	76.40
2054	79.79	81.73	80.24	77.81

（续）

年份	碳储量（t/hm²）			
	间伐 50%	间伐 30%	间伐 15%	对照
2059	82.05	84.34	82.20	79.14
2064	83.78	86.40	83.97	80.47
2069	85.10	88.05	85.59	81.86
2074	86.13	89.36	87.11	83.34
2079	86.92	90.39	88.54	84.92
2084	87.51	91.21	89.89	86.62
2089	87.92	91.86	91.16	88.44
2094	88.18	92.37	92.35	90.35
2099	88.32	92.77	93.46	92.31

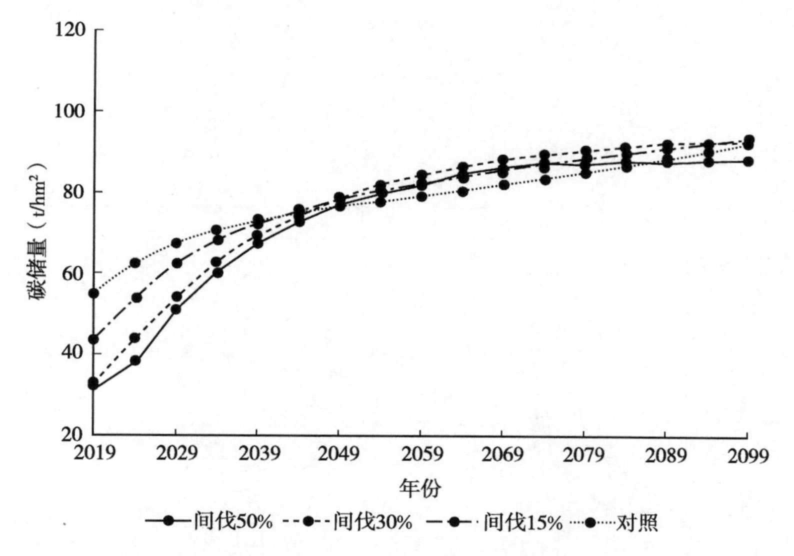

图 9－13　不同间伐强度下马尾松林的碳储量的模拟值（考虑补植）

由表 9－16 和图 9－14 可知，不同间伐处理下青冈林的碳储量在 2049 年之后增长缓慢并逐渐平稳，在 2049 年之后间伐强度 50%、30%，和对照组的碳储量基本重合；而 15%采伐强度下碳储量最大，且到了 2099 年之后还有上升的趋势。

表 9-16 不同间伐强度下青冈林的碳储量的模拟值（考虑补植）

年份	碳储量（t/hm²）			
	间伐 50%	间伐 30%	间伐 15%	对照
2019	36.18	38.45	50.96	44.71
2024	45.17	47.00	60.30	54.91
2029	54.84	56.09	68.09	64.03
2034	63.68	64.32	74.05	71.32
2039	71.33	71.42	78.38	76.81
2044	77.47	77.20	81.48	80.81
2049	82.13	81.70	83.97	83.80
2054	85.52	85.10	86.02	86.13
2059	88.05	87.64	87.78	88.01
2064	89.94	89.64	89.42	89.62
2069	91.39	91.20	91.02	91.05
2074	92.52	92.45	92.63	92.33
2079	93.41	93.44	94.39	93.49
2084	94.12	94.25	96.58	94.56
2089	94.69	94.91	99.46	95.60
2094	95.16	95.46	103.18	96.66
2099	95.55	95.93	107.95	97.89

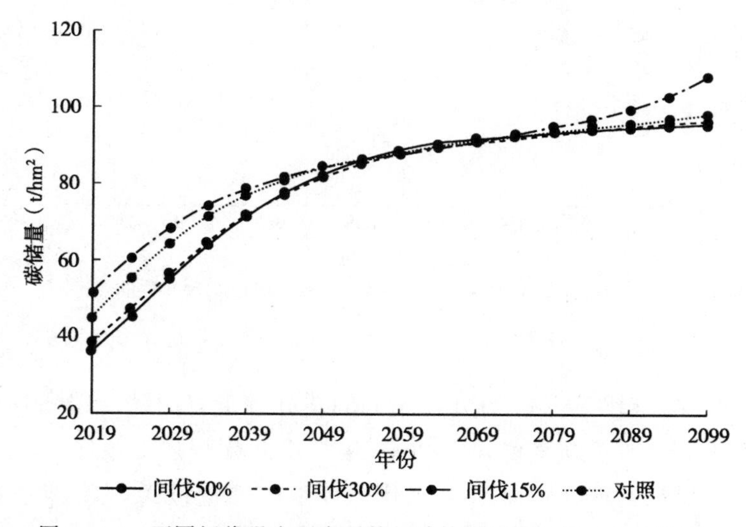

图 9-14 不同间伐强度下青冈林的碳储量的模拟值（考虑补植）

9.3.5　固碳潜力图绘制

利用 2017 年慈利县二类调查的数据，提取马尾松天然林小班的面积、每公顷蓄积，并采用生物量换算因子连续函数法估计每个小班 2017 年的森林生物量，即利用单位面积蓄积量 V（m^3/hm^2）估算该森林类型的单位面积生物量 B（t/hm^2）。而 2017 年小班单位面积固碳量（t/hm^2），用单位面积生物量（t/hm^2）乘以其平均碳含量（g/g）得到。

利用 P_1 和 P_2 计算 2032 年均衡曲线经营下和不进行经营活动下的马尾松天然林小班的单位面积固碳量（t/hm^2）。

即均衡曲线经营下的 2032 年的小班固碳量：

$$C_{2032}=C_{2017}\times(1+P_1)^{15} \tag{9-37}$$

式中，C_{2032} 为均衡曲线经营下 2032 年的小班固碳量，C_{2017} 为 2017 年的小班固碳量，P_1 为均衡曲线经营下生长率。

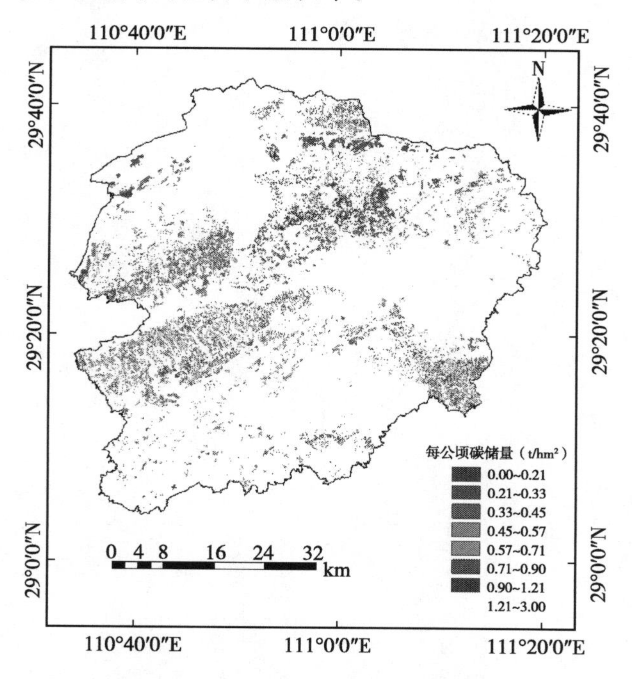

图 9－15　慈利县天然次生林固碳潜力图

不进行经营活动下的2032年的小班固碳量：

$$C'_{2032}=C_{2017}\times(1+P_2)^{15} \tag{9-38}$$

式中，C'_{2032}为不进行经营活动下2032年的小班固碳量，C_{2017}为2017年的小班固碳量，P_2为不进行经营活动下的生长率。

利用慈利县均衡曲线经营下2032年的马尾松天然林小班固碳量减去不进行经营活动下的小班固碳量，得到固碳量的差值，在ArcGis中对慈利县马尾松天然林小班2种情况下的固碳量差值进行作图，即得到两种情况下的固碳量差值图（图9-15）。

第10章 天然次生林物种多样性与固碳特征

物种多样性是衡量森林生态系统结构和功能复杂性的标准，而物种是构成物种多样性的基本单元，是物种多样性最重要的度量（周红章，1995）。森林生物量和碳储量又是研究森林生态系统结构和功能的基本数据，与森林碳汇功能密切相关。在全球或区域的尺度上掌握森林生物量和碳储量的地理空间分布规律，并研究其与气候因子、植物群落分布之间的关系，可以估算地球生物圈的承载能力（Lieth et al.，1975）。而在生态系统的尺度上，特定森林生态系统内生物产量的分布格局和机理可以揭示生态系统生产力与环境因子的相互关系，并且探索维持林地生产力的内在生理要素和外在生态条件，从而为森林的可持续经营提供理论依据（Andersson et al.，2000）。

关于森林固碳与生物多样性的关系，目前存在两种假说：生境互补假说和抽样效果假说。生境互补假说认为，森林固碳能力与树种多样性成正比；抽样效果假说则认为，森林固碳能力最初随树种多样性的增加而提升，但是当包含几个固碳核心树种时，则不再随着树种的增多提升。大部分研究表明，森林植物多样性和森林固碳呈现正相关关系，但也有研究表明二者之间并无显著关联或呈负相关。例如，Ruiz－Benito等（2014）利用西班牙森林调查的54 000个样地数据分析发现，即使不考虑气候和林分结构的情况下，物种多样性对植被碳储量仍有着显著的积极影响。而Szwagrzyk等（2010）通过对已发表的100个样地资料整合分析发现，植被地上生物量和物种多样性关系并不显著。Zhang等（2011）的研究发现，在中国西南部亚高山针叶林中植物多样性指数和地上碳储量之间呈显著负相关。研究结果的不一致表明对生物多样性与固碳关系的内在机制的理解仍然尚不清楚。

在气候条件相对一致的情况下，植物群落的生境差异可能是形成植物多样性的主要原因，而土壤因子可能是一个重要的环境因子。土壤理化性质的空间变化既不是随机的，也不是一成不变的，它通常是地质、气候和植被发展过程的综合产物，任意一种因子的变动都会导致其他因子的联动（殷天颖，2016）。植被对土壤理化性质空间变化的影响有时甚至比气候因素更为显著（Goderya，1998），因此，研究植物多样性与土壤环境因子的关系具有重要意义。

我国天然次生林分布范围广，面积约占全国森林的46.2%，蓄积量约占全国森林的23.3%（李永强，1994），它不仅为我们提供了重要的木材和林副产品，在调节气候、保持水土、涵养水源等方面也发挥着重要作用（张清元，2011），具有很大的生态价值与生产潜力，是我国宝贵的森林后备资源。湘西地区是我国生物多样性保护及水土保持生态功能区，也是我国亚热带地区重要的固碳潜力区域。但是长期以来，人类对该地区资源的不合理利用以及当地生态环境的脆弱性，导致区域内生物多样性与生物资源日趋减少。如何维持和管理当地的生态环境并促进其正向演替成为目前面临的首要任务。因此，了解湘西不同类型次生林的生物多样性和固碳特征，及其二者之间的关系，与土壤理化性质的相关性等问题，可以为合理保护和利用植物多样性资源、指导湘西次生林营林技术，更好地发挥次生林生态效益和经济效益提供依据。

10.1 研究方法

10.1.1 样地设置

以慈利县天心阁林场马尾松天然次生林、常绿阔叶天然次生林为研究对象。参考《生态系统固碳观测与调查技术规范》，选择立地条件基本一致，同一坡向、坡位设置样地。马尾松天然次生林布置12块30m×30m样地，青冈天然次生林布置9块25m×40m样地。在每个样地四角及中心分别设置5m×5m的灌木样方和1m×1m的草本样方。调查样地中所有胸径大于5cm的乔木，记录树种、胸径（*DBH*）、高度等。在灌木样方中记录灌木层植被名称、株数、高度。在草本样方中记录草本层（包括幼苗）植物种类、数量、盖度、高度。

10.1.2　生物量测定

各样地中青冈、马尾松、苦槠、湖北栲、麻栎的生物量测定采用刘秀红等（2020）模拟的生物量模型方程进行计算。其他树种采用通用模型计算（罗云建等，2013；2015）。具体模型如下：

马尾松：

树干　$\ln W=1.7511\times\ln D+0.8433\times\ln H-2.8013$　($R^2=0.9152$)

树枝　$\ln W=1.9658\times\ln D-3.2629$　($R^2=0.5084$)

树叶　$\ln W=1.7924\times\ln D-3.4832$　($R^2=0.7220$)

地上　$\ln W=2.0276\times\ln D-1.1454$　($R^2=0.9114$)

青冈：

树干　$\ln W=2.1982\times\ln D+1.1232\times\ln H-4.2421$　($R^2=0.9757$)

树枝　$\ln W=3.2374\times\ln D-5.5638$　($R^2=0.8852$)

树叶　$\ln W=2.7284\times\ln D-5.7507$　($R^2=0.7901$)

地上　$\ln W=2.3112\times\ln D+1.0206\times\ln H-4.0331$　($R^2=0.9819$)

苦槠：

树干　$\ln W=2.2755\times\ln D-2.3810$　($R^2=0.6787$)

树枝　$\ln W=2.5753\times\ln D-4.3327$　($R^2=0.8397$)

树叶　$\ln W=1.7405\times\ln D-3.1126$　($R^2=0.4763$)

地上　$\ln W=2.2164\times\ln D-1.8814$　($R^2=0.7153$)

麻栎：

树干　$\ln W=2.5505\times\ln D-2.2816$　($R^2=0.9663$)

树枝　$\ln W=2.6330\times\ln D-4.6891$　($R^2=0.8917$)

树叶　$\ln W=2.0356\times\ln D-4.5090$　($R^2=0.7034$)

地上　$\ln W=2.5337\times\ln D-2.1037$　($R^2=0.9799$)

湖北栲：

树干　$\ln W=2.2399\times\ln D-1.6642$　($R^2=0.9859$)

树枝　$\ln W=2.7929\times\ln D-4.5662$　($R^2=0.9114$)

树叶　$\ln W=3.3684\times\ln D-8.0404$　($R^2=0.7977$)

地上　$\ln W=2.3298\times\ln D-1.6593$　($R^2=0.9790$)

其他阔叶林通用模型：

树干　$W=0.0147\times D^{2.8094}$

树枝　$W=0.5216\times D^{1.5945}$

树叶　$W=0.0987\times D^{1.4916}$

地上　$W=0.0622\times D^{2.5289}$

上述式中，W 为生物量（t/hm^2），D 为胸径（cm），H 为树高（m）。

10.1.3　含碳率测定

乔木层：将优势树种分树干、树枝、树叶分别取样，其他非优势树种分器官混合取样。在距离地面 1.3m 处取树干样品，并取主干皮样品；枝（带皮）从粗到细按比例进行混合取样，同时进行叶的不同大小、不同层的混合取样；灌木和草本分别取地上、地下部分的混合样品。将样品带回实验室在 105℃恒温条件下进行杀青 10～30min，然后在 85℃下烘至恒重备用。

土壤层：在每个样方内坡上、中、下挖取 3 个土壤剖面，进行分层采集 0～10cm、10～20cm、20～30cm、30～40cm 各层次土壤样品，用环刀法取样，然后对每个土壤层次的所采集的样品进行编号，带回到室内，同植物取样处理烘干备用。

利用碳氮元素分析仪测定采集的乔木、灌木、草本各器官碳含量以及土壤样品碳含量。

10.1.4　碳储量

乔木层碳储量用其生物量现存量乘以相应的碳含量求得。

土壤层：$\mathrm{SOC}=\sum SOC_i=\sum C_i\times R_i\times E_i\times 0.1$

式中：SOC 为土壤有机碳储量（kg/m^2）；i 为土壤层次；C 为土壤有机碳含量（g/kg）；R 为容重（g/cm^3）；E 为土层厚度（cm）；0.1 为单位换算系数。

10.1.5　土壤理化指标测定

在各样地内，挖掘 3 个土壤剖面，用 $100cm^3$ 环刀分别采集 0～10cm、

10～20cm、20～30cm、30～40cm 深度的土壤样品，待测土壤物理性质。此外，每个土层取适量散土放入自封袋中，待测土壤化学性质。每个土层各取 3 个平行样。

在已知各环刀重量的前提下，在实验室对土样进行放置、浸泡、烘干（105℃）等处理，并分别称重，根据以下公式，测定土壤物理性质：

土壤含水率（%）=（湿土重－干土重）/干土重×100%

土壤容重（g/cm^3）= 干土重/环刀体积

土壤总孔隙度（%）=（浸泡 12h 后土的质量－烘干土的质量）/环刀体积×100%

饱和持水量（%）=（浸泡 12h 后土的质量－烘干土质量）/烘干土质量×100%

参考《生态系统固碳观测与调查技术规范》，在实验室对各层土样进行 pH、全氮（g/kg）、有机质（g/kg）、全磷（g/kg）、全钾（g/kg）、有效磷（mg/kg）、速效钾（mg/kg）的测定。

①pH 的测定采用电位测定法。

②全氮（g/kg）的测定采用重铬酸钾—硫酸消化法，采用国家林业行业标准 LY/T 1228—2015 中的全氮测定法。

③有机质（g/kg）的测定采用重铬酸钾容量法测定。

④有效磷（mg/kg）的测定采用碳酸氢钠法。

⑤速效钾（mg/kg）的测定采用醋酸铵—火焰光度计法。

10.1.6　物种多样性指标计算

选取 Simpson 指数、Shannon - Wiener 指数、Pielou 均匀度指数、Margalef 物种丰富度指数代表物种多样性，计算公式如下：

Simpson 指数：$D = 1 - \sum_{i=1}^{s} P_i^2$

Shannon - Wiener 指数：$H = -\sum_{i=1}^{s} (P_i \ln P_i)$

Pielou 均匀度指数：$H = H/\ln S$

Margalef 物种丰富度指数：$D = (S-1)/\ln N$

式中：P_i 为第 i 个树种株数占林分总株数的比例，S 为各群落的物种数，N 为总个体数量。

10.1.7 统计分析

采用SPSS 21.0中的单因素方差分析不同林分物种多样性指数、碳储量和土壤理化性质的显著性检验，Pearson相关性分析物种多样性与固碳、物种多样性与土壤理化性质的相关性，Origin制图。

10.2 结果与分析

10.2.1 物种组成和多样性

如图10-1所示，在马尾松天然次生林中，乔木层植物隶属于9科12属，主要优势树种为马尾松、苦槠和檵木（*Loropetalum chinense*），灌木层植物隶属于20科30属，主要优势植物为铁仔（*Myrsine africana* Linn.）、海金子（*Pittosporum illicioides*）、檵木，草本层植物隶属于9科10属，主要植物有蕨（*Pteridium aquilinum*）、兰花草（*Iris japonica*）；青冈次生林中，乔木层植物隶属于16科23属，主要优势植物为青

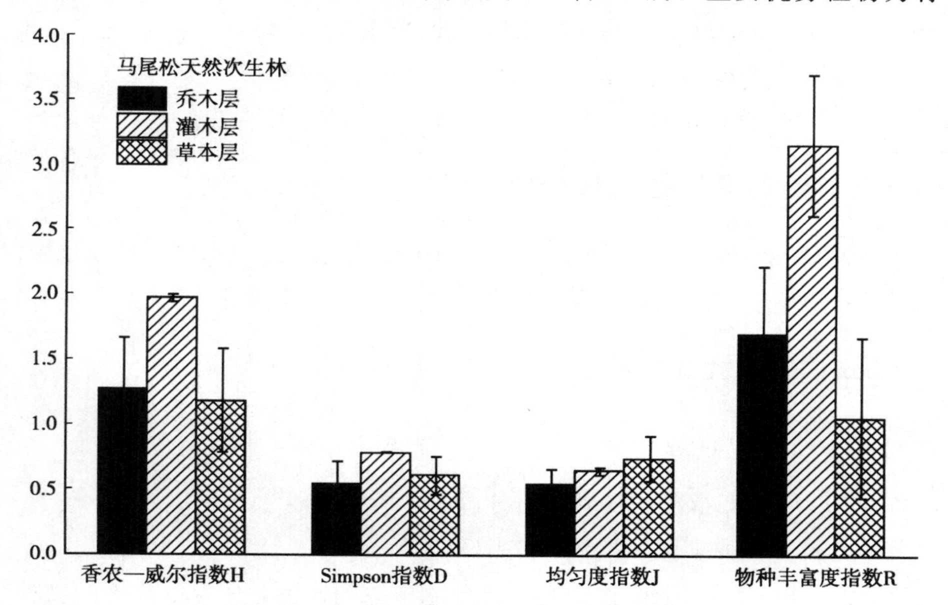

图10-1 马尾松天然次生林各层次物种多样性指数

冈、马尾松、黄檀（*Dalbergia hupeana*）和苦槠，灌木层植物隶属于 22 科 28 属，主要优势植物有铁仔、青冈、海金子，草本层植物隶属于 10 科 10 属，主要植物是蕨、兰花草、水苏（*Stachys japonica* Miq.）。

乔木层中，青冈次生林的物种丰富度显著高于马尾松天然次生林（$P<0.01$），其他多样性指数的差异不显著。灌木层中，马尾松天然次生林物种丰富度高于青冈次生林，其他指数无明显差异。草本层中，马尾松天然次生林 4 种多样性指数均高于青冈次生林，但差异不明显（图 10－2）。

在马尾松天然次生林中，物种丰富度指数、香农—威尔指数表现为灌木层＞乔木层＞草本层，Simpson 指数呈现为灌木层＞草本层＞乔木层，而均匀度指数呈现为草本层＞灌木层＞乔木层；在青冈次生林中，物种丰富度指数表现为乔木层＞灌木层＞草本层，香农—威尔指数、Simpson 指数呈现灌木层＞乔木层＞草本层，均匀度指数呈灌木层＞草本层＞乔木层。

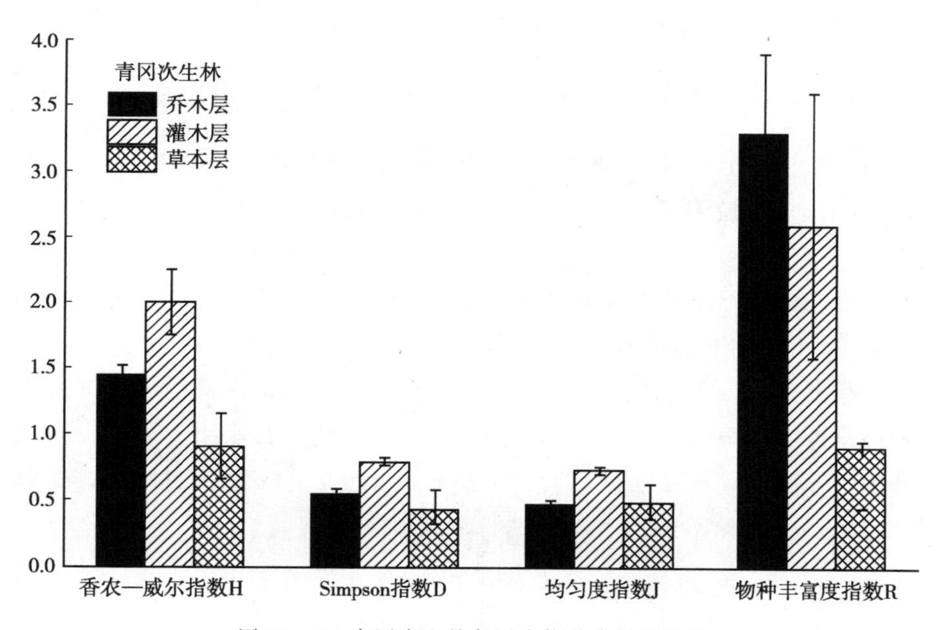

图 10－2　青冈次生林各层次物种多样性指数

10. 2. 2　乔木层碳储量

不同林型乔木层地上各器官生物量、碳含量和碳储量结果。马尾松天然次生林乔木层地上生物量为131.51t/hm^2，青冈天然次生林乔木层地上生物量为119.23t/hm^2。马尾松天然次生林的干和叶生物量高于青冈天然次生林，但枝生物量低于青冈天然次生林。马尾松天然次生林和青冈次生林地上各器官生物量大小排序为干＞枝＞叶，其中干生物量显著大于枝和叶（$P<0.01$），枝与叶生物量差异不显著（$P=0.20$；$P=0.295$）。

马尾松天然次生林各器官碳含量高于青冈天然次生林。马尾松天然次生林各器官碳含量大小为叶＞枝＞干，这三种器官碳含量差异显著（$P<0.05$）；青冈次生林各器官碳含量大小依次为叶＞枝＞干，叶片中碳含量显著大于干和枝（$P<0.05$），干与枝中碳含量差异不显著（$P=0.561$）。

马尾松天然次生林乔木层地上碳储量为62.97Mg C/hm^2，青冈天然次生林乔木层地上碳储量为54.44Mg C/hm^2。马尾松天然次生林和青冈次生林各器官碳储量大小均为干＞枝＞叶，其中干碳储量显著大于枝和叶（$P<0.01$），枝与叶碳储量差异不显著（$P=0.218$；$P=0.297$）。

10.2.3 土壤碳储量

马尾松天然次生林和青冈次生林土壤碳含量平均为10.07g/kg和9.17g/kg。马尾松天然次生林中0～40cm土层碳含量均随深度的增加而减少。在2种林型中，0～10cm土层碳含量均显著高于其他土壤（$P<0.01$），10cm以下土层碳含量差异不显著（$P>0.01$）。马尾松天然次生林土壤碳储量高于青冈次生林土壤碳储量，分别为50.26Mg C/hm^{2}和48.70Mg C/hm^2。马尾松次生林中，0～10cm、10～20cm和20～30cm土层碳储量差异不显著，30～40cm土层碳储量显著低于其他土层。青冈次生林中，0～10cm土层碳储量均显著高于其他土壤（$P<0.01$），10cm以下土层碳储量差异不显著（$P>0.01$）（图10-3）。

10.2.4 土壤理化性质分布特征

马尾松天然次生林和青冈次生林中，各层土壤含水量、总孔隙度、饱和持水量无显著差异，也无明显规律。土壤容重随土壤深度的增加而增加。全氮、速效钾、有机质含量、C/N随土壤深度的增加而减少。马尾松天然次生林0～30cm土壤有效磷随深度增加而增加，30～40cm土壤有

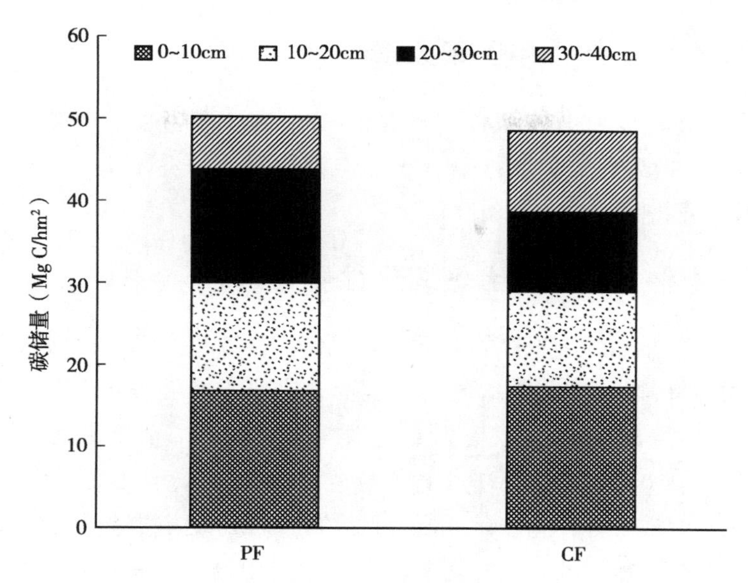

图 10－3　马尾松天然次生林和青冈次生林土壤碳储量分配

注：PF 代表马尾松天然次生林，CF 代表青冈次生林。

效磷又降低；而青冈次生林中土壤有效磷随深度增加而减少。马尾松天然次生林和青冈次生林土壤理化性质之间无显著差异（表 10－1）。

表 10－1　不同林分的土壤理化性质

项目	马尾松次生林		青冈次生林	
	0～20cm	20～40cm	0～20cm	20～40cm
土壤含水量（%）	24.46±3.40	24.68±3.69	24.16±1.84	23.28±4.14
土壤容重（g/cm^3）	1.29±0.04	1.44±0.16	1.35±0.03	1.41±0.10
总孔隙度（%）	34.23±2.99	35.92±1.71	35.22±0.51	35.34±2.71
饱和持水量（%）	26.99±2.80	25.38±3.74	26.51±0.55	25.30±2.76
全氮（g/kg）	1.33±0.36	0.98±0.27	1.38±0.35	0.99±0.11
土壤有效 P（mg/kg）	2.25±0.40	2.72±1.72	4.46±2.34	3.40±1.54
速效钾（mg/kg）	54.42±6.90	45.77±1.45	53.61±8.67	41.81±3.97
有机质（g/kg）	12.09±3.04	8.06±3.35	11.03±2.98	7.31±0.69
C/N	10.07±1.27	8.89±2.04	8.78±1.10	8.14±0.73

10.2.5 物种多样性和固碳关系

在马尾松天然次生林和青冈次生林中，物种丰富度、香农—威尔指数、Simpson 指数、均匀度指数、物种丰富度指数与乔木碳储量、土壤碳储量均无显著相关性。

10.2.6 物种多样性和土壤理化性质关系

在马尾松天然次生林乔木层中，物种丰富度、香农—威尔指数、Simpson 指数和物种丰富度指数均与土壤含水量、总孔隙度、饱和持水量呈显著正相关（$P<0.01$），均匀度指数与总孔隙度、饱和持水量呈显著正相关（$P<0.01$）；灌木层中 4 种多样性指数与土壤理化性质无相关性；草本层中，香农—威尔指数、Simpson 指数、均匀度指数与土壤含水量显著负相关。青冈次生林中比较复杂，在乔木层中物种丰富度指数与土壤含水量呈显著负相关，与土壤有效磷含量呈正相关，香农—威尔指数与C/N 呈显著正相关；灌木层中，Simpson 指数与土壤含水量呈显著正相关，均匀度指数与 C/N 呈负相关；草本层中，物种丰富度与土壤有效磷含量呈正相关，丰富度指数与 C/N 呈负相关。

10.3 结论与讨论

10.3.1 物种多样性

群落物种多样性是反映一定空间范围内物种丰富度和物种均匀度的重要指标，与群落中物种数量及其分布频率密切相关，能够体现群落结构类型、组织水平、发展阶段和稳定程度（程真等，2015；马志波等，2016）。本研究中，马尾松天然次生林 4 种生物多样性指数均低于湘中、古田山、粤西等亚热带地区次生林（陈金磊等，2019；侯燕南，2017；李立，2008；陈会智等，2010）。青冈次生林的多样性指数高于北亚热带安徽肖坑常绿阔叶次生林，低于北亚热带神农架地区常绿阔叶次生林、中亚热带鹰嘴界常绿阔叶林、古田山常绿阔叶林和南亚热带凤凰山阔叶次生林（兰长春等，2008；李立，2008；张光训等，2009；农友等，2018；田自强等，2004），并没有像其他常绿阔叶林物种多样性一样随着纬度升高而下降（贺金生等，1997），这可能由于物种组成、演替阶段以及小气候环境的差异造成的。

书中所计算、测度的各项多样性指标，可用于与历史或今后的多样性指标测度的对比，来验证慈利天心阁林场天然次生林群落的生长发育情况，分析该地区天然次生林是否遭受人为破坏和其他因素的影响而发生的改变。对于生态系统总体多样性的分析和多样性指标的测定，还有待更深入、更广泛的研究。

10.3.2　不同林分碳储量情况

与湖南鹰嘴界自然保护区中相似林龄的马尾松次生林、常绿阔叶林相比，本研究区的马尾松次生林中各器官碳含量较低，但青冈次生林中各器官碳含量较高，表明当地的气候和土壤条件可能更有利于青冈林碳含量的积累。然而，乔木层地上生物量、碳储量均显著较低（金彪等，2017；宫超等，2011），这可能是由于具体调查地段的林分结构和差异引起的。

研究区中土壤碳储量显著低于湖南鹰嘴界自然保护区中相似林龄的马尾松次生林、常绿阔叶林土壤碳储量（金彪等，2017；宫超等，2011），也远小于中国主要森林生态系统类型相应土层的土壤碳储量（周玉荣等，2000）。总体上土壤碳储量呈现随土层厚度增加而减少的趋势，但是马尾松次生林中，0～10cm、10～20cm 和 20～30cm 土层碳储量差异不显著；青冈次生林中，10cm 以下土层碳储量差异不显著（$P>0.01$），这可能与土壤碳取样操作方法有关。此外，土壤碳储量还受地上植被、凋落物输入和有机质分解的影响，并与水热条件密切相关，气候条件会对土壤碳库容量造成强烈影响（周玉荣等，2000）。中亚热带地区常年降雨丰富、温度较高，生物地球化学循环旺盛，有机物质分解速度快，不利于土壤碳的积累，尤其是表层土壤。在前人的研究中，土壤碳储量主要集中于表层（宫超等，2011；黄宇等，2005），同时由于样地 50cm 以下的土层多砾石，因此我们并未采集更深层次土壤样品作为比较。

由于生态系统中植被乔木层碳储量和土壤碳储量是主要的碳库，因此，本书中只计算了这两个碳库。马尾松天然次生林生态系统碳储量为

113.23Mg C/hm²，青冈次生林生态系统碳储量为103.14Mg C/hm²，实际碳储量（包括林下植被层、凋落物层、根系）应略高，但该值仍低于亚热带其他地区马尾松林和常绿阔叶林碳储量水平（邓仕坚等，2000；宫超等，2011；黄宇等，2005），这可能是受到区域地上植被生长质量低下的影响。2种林分类型的碳储量均是乔木层大于土壤层，表明了乔木树种在中亚热带地区森林固碳中的重要地位。该结果与中亚热带不同发育阶段的马尾松人工林（尉海东等，2007）、北亚热带马尾松人工林和常绿阔叶次生林（王伊琨等，2014）乔木层及土壤碳储量相反，与中亚热带鹰嘴界自然保护区和南亚热带鼎湖山森林演替过程中植被、土壤碳分配特征相同（方运霆等，2003；宫超等，2011），说明林型、树种组成、立地条件的不同，不仅引起森林生态系统固碳量的巨大差异，还会影响系统中不同组分的碳分配格局。

10.3.3 土壤理化性质

土壤是气候、母质、植被、地形长期综合作用下的产物，并随着群落演替不断发生变化（康冰等，2010）。土壤理化性质的差异决定了群落结构的不同，而不同的植物因生长活动、凋落物的分解等直接或间接影响土壤的理化性质（叶万辉，2000；贺金生等，2010；魏晨辉等，2015）。本研究中2种林分类型中各个土壤理化性质之间并无显著差异。马尾松天然次生林中不同土壤层的土壤含水量、总孔隙度、饱和持水量、有效磷之间无明显差异；青冈次生林中不同土壤层的土壤含水量、土壤容重、总孔隙度、饱和持水量、有效磷、C/N之间无明显差异，这可能与林分处于演替初期阶段有关，各种土壤性质差异不大，随着缓慢的发展，其土壤性质可能会有明显的变化。与前人的研究相比，本研究区土壤含水量略高，这可能与邻近水库有关。此外，土壤容重较之略高。高雪松等（2005）认为土壤容重较高通常表明土壤有退化的趋势。

10.3.4 物种多样性与碳储量关系

森林固碳和生物多样性之间的关系在不同时空尺度上存在不同表现。在时间尺度上，生物多样性—树木生物量关系在演替过程中呈动态变化，在演替早期多样性与生物量呈正相关，但是在演替晚期相关性较弱（Lasky et al.，2014）。在空间尺度上，有研究表明，在世界范围内生物多样性对森林生产力呈连续正向下凹影响，生物多样性的持续丧失将导致全球森林生产力的加速下降（Liang et al.，2016）。但是在 10m×10m 和 20m×30m 的样地尺度上，大多数物种多样性指数与林分生物量没有显著相关性。然而，当有其他非生物和生物因素（如海拔、光照、茎密度等）影响时，在 20m×30m 分辨率下，物种多样性指数对生物量有显著影响（Ouyang et al.，2016）。尽管数据量较小，我们的研究同样表明在样地尺度上（20m×30m），物种丰富度、香农—威尔指数、Simpson 指数、均匀度指数、物种丰富度指数与乔木碳储量、土壤碳储量均无显著相关性。其他非生物和生物因素是否会影响次生林物种多样性对生物量的作用还需要进一步探讨。

10.3.5　物种多样性与土壤理化性质关系

土壤理化性质与物种多样性之间存在对应关系（表 10－2）。有研究表明，土壤氮、磷含量是土壤肥力的重要指标（Timothy et al.，2014），有效氮是限制植物生长的重要因子（Sigurdsson，2001），全磷是南亚热带森林的限制因子（刘兴诏等，2010），土壤 pH 和有效磷是群落中物种多样性的影响因子（Xu et al.，2016）。本研究结果表明，土壤含水量、总孔隙度和饱和持水量是制约马尾松天然次生林物种多样性的关键因子，而土壤含水量、土壤有效磷和 C/N 对青冈次生林有显著影响。

本研究中，马尾松天然次生林林、青冈次生林林分质量低下，碳储量不高，应采取适当的森林经营措施，合理适当地对林分进行采伐，改善林分结构和小环境，促进其天然更新，提高生物多样性和森林碳汇能力。同时我们还需要进一步加强长期监测，开展不同采伐强度下马尾松天然次生林和青冈次生林生态系统结构和功能变化，尤其是固碳释氧、水土保持、栖息地支持等生态系统服务变化的研究，以预测和揭示气候变化背景下，当地林分的演替动态和生态系统服务时空变化，为制定有效合理的森林经营策略，促进森林可持续利用与发展提供依据。

第 11 章　林分结构多样性与固碳能力的关系

生物多样性与生产力（固碳能力）的关系，目前存在着“取样效应假说”“资源互补假说”“种间正相互作用”“抗灾变假说”。这些假说下的生物多样性与固碳能力的关系大致可以分为 4 类：①物种丰富度与生产力之间没有关系；②物种丰富度与生产力之间存在正向线性相关关系；③物种丰富度与生产力之间存在正相关非线性关系；④物种多样性与生产力的关系呈现单峰模型，即在初期阶段，随着物种丰富度的增加，生产力上升，但在后期则不然。当前，普遍认同单峰关系。因此本研究假设慈利的林分符合单峰模型的观点，将其作为物种多样性与固碳能力的平衡阈值点。

为了定量分析森林固碳能力，本研究通过树种特异性的生物量异速生长方程和生物量—碳转换因子估算得到单木碳储量，基于面积获得林分水平的碳储量值，然后，计算林分碳年均生长量来描述森林碳生长率，以期为森林结构多样性与森林固碳能力关系研究提供基础。

森林结构是决定森林生态系统稳定性和功能的主要因素，科学量化森林结构多样性有助于简化测量、了解和管理森林结构，基于此制定天然林的经营措施。本研究计算了湖南省受严格保护且无人为和自然干扰样地的树种多样性指数、林木大小多样性指数和林木空间位置多样性指数，以简单客观地表达森林结构多样性特征。

首先，采用偏相关分析来探究林分碳储量、碳年均生长量与林分结构多样性指数之间的关系。其次，采用 LASSO 多元回归分析，筛选出对林分碳储量、碳年均生长量影响较强的结构多样性指数，分别以林分碳储量和碳年均生长量为因变量进行多元线性回归分析，进行模型评价检验选出最优模型。最后，基于筛选出来的模型，进一步探究结构多样性指数对林分碳储量、碳年均生长量的影响。并在此基础上，提出如何通过森林经营干预上述指数，进而间接增加森林碳汇能力，以期为更好地经营湖南省天然林提供依据。

11.1　研究方法

11.1.1　森林碳储量及碳生长率估测

本研究根据不同树种的生物量异速生长方程计算出单木生物量，再乘以生物量—碳转换因子得到单木碳储量，基于面积估算出林分碳储量。生物量异速生长方程和生物量—碳转换因子均参考之前湖南省不同树种的研究结果，具体方程如表 11－1 所示。

表 11－1　湖南省主要树种异速生长方程

树种	生物量异速生长方程
马尾松	$W=0.1291\cdot D^{2.2261}$
杉木	$W=0.4196\cdot D^{1.6585}$
湿地松	$W=0.1757\cdot D^{2.0858}$
柏木	$W_s=0.7863\cdot D^{1.6495}$；$W_b=0.1914\cdot D^{1.6992}$；$W_l=0.0390\cdot D^{2.0838}$；$W_r=1.3845\cdot D^{1.1425}$
檫木	$W_s=0.0361\cdot D^{2.5980}$；$W_b=0.0261\cdot D^{2.2236}$；$W_l=0.0128\cdot D^{1.8296}$；$W_r=0.0819\cdot D^{2.0898}$
青冈	$W_s=0.1314\cdot D^{2.2118}$；$W_b=0.0513\cdot D^{2.2016}$；$W_l=0.0251\cdot D^{1.8056}$；$W_r=0.1036\cdot D^{2.0491}$
杨树类	$W_s=0.0975\cdot D^{2.2746}$；$W_b=0.1656\cdot D^{1.6194}$；$W_l=0.0685\cdot D^{1.3251}$；$W_r=0.3952\cdot D^{1.5116}$
枫香	$\ln W_s=-1.522+2.185\ln D$；$\ln W_b=-6.345+3.218\ln D$； $\ln W_l=-10.080+3.842\ln D$；$\ln W_r=-3.619+2.455\ln D$
木荷	$\ln W_s=-2.963+2.621\ln D$；$\ln W_b=-2.378+2.022\ln D$； $\ln W_l=-2.680+1.690\ln D$；$\ln W_r=-3.273+2.275\ln D$
豺皮樟	$\ln W_s=-2.146+2.399\ln D$；$\ln W_b=-1.460+2.084\ln D$； $\ln W_l=-3.320+2.258\ln D$；$\ln W_r=-1.339+1.673\ln D$
常绿针叶树	$W_s=0.0356\cdot D^{2.6824}$；$W_b=0.0699\cdot D^{1.9937}$；$W_l=0.1338\cdot D^{1.4202}$；$W_r=0.0102\cdot D^{2.6152}$
常绿阔叶树	$\ln W_s=-2.567+2.532\ln D$；$\ln W_b=-1.603+1.905\ln D$； $\ln W_l=-3.412+2.131\ln D$；$\ln W_r=-3.109+2.281\ln D$
落叶阔叶树	$\ln W_s=-2.644+2.453\ln D$；$\ln W_b=-4.852+2.684\ln D$； $\ln W_l=-5.895+2.682\ln D$；$\ln W_r=-3.859+2.470\ln D$

式中，W 为林木生物量（kg）；W_s、W_b、W_l、W_r、W_t分别为树干、枝、叶、根的生物量（kg）；D 为林木胸径；湖南省主要常绿针叶树种有柳杉、池杉、东北红豆杉、其他松类，主要常绿阔叶树种有桂花、楠木，主要落叶树种有板栗、杜仲、椴树、厚朴、柳树类和桦木类。

生物量—碳转换因子采用马尾松 0.520、杉木 0.508、湿地松 0.515、柏木 0.551、樟树 0.502、木荷 0.519、枫香 0.515 和杨树 0.494，其他树种的生物量—碳转换因子为 0.5。

林分碳年均生长量（PAI_C）为样地内单木碳年均生长量的均值，具体公式如下：

$$PAI_C=\frac{C_s-C_m+C_r}{I\times A}$$

式中，C_s 为在调查间隔期内活立木的碳储量之和；C_m 为在调查间隔期内枯死木的碳储量之和；C_r 为在调查间隔期内补植林木的碳储量之和；I 为调查间隔期；A 为样地面积。

11.1.2 结构多样性

本研究采用 9 个树种多样性指数、8 个林木大小多样性指数和 6 个林木空间位置多样性指数来描述林分结构多样性。林分结构多样性指数的描述如表 11－2 所示。

表 11－2 林分结构多样性指数

指数	描述	均值	标准差	最小值	最大值
树种多样性					
S	样地中树种总数	8	3	1	16
SHI_s	Shannon－Wiener 树种多样性指数，$SHI_s=-\sum_{i-1}^{n}p_i\cdot\ln(p_i)$	1.15	0.57	0.00	2.22
SII_s	Simpson 树种多样性指数，$SII_s=1-\sum_{i=1}^{n}p_i^2$	0.54	0.25	0.00	0.88
PI	均匀度指数，$PI=\frac{SHI_s}{\ln(S)}$	0.56	0.23	0.00	0.89
MI	Margalef 指数，$MI=\frac{(D-1)}{\ln(ba)}$	0.62	0.20	0.23	1.16
MCI	McIntosh 指数，$MCI=\frac{ba-\sqrt{\sum_{i-1}^{D}ba_i^2}}{ba-\sqrt{ba}}$	0.84	0.05	0.66	0.92

（续）

指数	描述	均值	标准差	最小值	最大值
$ISHI$	树种-林木大小 Shannon - Wiener 指数，$ISHI_s = -\sum_{i=1}^{n}\sum_{j=1}^{D} p_{ij} \cdot \log p_{ij}$	2.36	1.11	0.41	5.38
TSS	树种空间多样性指数，$TSS = \sum_{sp=1}^{S}\left[\frac{1}{5N_{sp}}\sum_{i=1}^{N_e}(M_i \times S_i)\right]$	4.65	2.48	0.00	10.70
林木大小多样性指数					
GC	Gini 指数，$GC = \frac{\sum_{t=1}^{n}(2t-n-1)ba_t}{\sum_{t=1}^{n}ba_t(n-1)}$	0.24	0.06	0.07	0.40
SHI_d	Shannon - Wiener 树木大小多样性指数，$SHI_d = -\sum_{i=1}^{D} p_j \cdot \ln(p_j)$	1.73	0.34	0.80	2.40
SII_d	Simpson 树木大小多样性指数，$SII_d = 1 - \sum_{i=1}^{D} p_j{}^2$	0.79	0.08	0.45	0.90
$ISHI_d$	修正的 Shannon - Wiener 指数，$ISHI_d = -\sum_{i=1}^{S} d_{MDC} \cdot p_k \cdot \ln(p_k)$	35.47	16.68	8.83	102.09
BA	林分胸高断面积（$m^2 \cdot ha^{-1}$）	21.36	11.36	5.84	64.50
QMD	林分平方平均直径，$QMD = \sqrt{\frac{1}{n}\sum d_i^2}$	14.02	3.71	7.51	28.69
$SDDBH$	胸径的标准差，$SDDBH = \sqrt{\frac{\sum_{i=1}^{n}(DBH_i - \overline{DBH})^2}{n-1}}$	6.18	2.60	2.00	17.62
CV_d	胸径变异系数，$CV_d = \frac{SDDBH}{\overline{DBH}}$	0.49	0.23	0.23	0.83
DDI	直径分化指数，$DDI = \frac{1}{n \times m}\sum_{i=1}^{n}\sum_{j=1}^{m}\left[1 - \frac{\min(DBH_i, DBH_j)}{\max(DBH_i, DBH_j)}\right]$	0.11	0.02	0.06	0.16
林木空间位置多样性指数					
$\overline{M}$	混交度，$\overline{M} = \frac{1}{n}\sum_{i=1}^{n} M_i = \frac{1}{4n}\sum_{i=1}^{n}\sum_{j=1}^{4} v_{ij}$ ，式中 $v_{ij} = \begin{cases} 0, & \text{如果近邻木 } j \text{ 与目标树 } i \text{ 属于同种树种} \\ 1, & \text{否则} \end{cases}$	0.46	0.22	0.00	0.80

（续）

指数	描述	均值	标准差	最小值	最大值
$\overline{W}$	角尺度，$\overline{W}=\frac{1}{n}\sum_{i=1}^{n}W_i=\frac{1}{4n}\sum_{i=1}^{n}\sum_{j=1}^{t}z_{ij}$，式中 $z_{ij}=\begin{cases}1，如果\ \alpha<\alpha_0\\0，如果\ \alpha>\alpha_0\end{cases}$ $(\alpha_0=72°)$	0.58	0.03	0.51	0.65
U	大小比，$\overline{U}=\frac{1}{n}\sum_{i=1}^{n}U_i=\frac{1}{4n}\sum_{i=1}^{n}\sum_{j=1}^{t}k_{ij}$，式中 $k_{ij}=\begin{cases}0，如果近邻木\ j\ 的胸径小于目标树\ i\\1，否则\end{cases}$	0.50	0.02	0.41	0.55
CEI	Clark - Evans 指数，$CEI=\frac{(1/S_i)\sum_{i=1}^{S_i}d_i}{\frac{1}{2}\sqrt{10\ 000/n}}$	0.72	0.16	0.33	1.08
COI	聚集度指数，$COI=\frac{1}{4}\sum_{1}^{4}e_{ij}$，式中 $e_{ij}=\begin{cases}1，\alpha_j<90°\\0，其他\end{cases}$	0.66	0.03	0.59	0.72

式中，n 为样地中树种总数；p_i 为林木 i 在样地内胸高断面积比例；D 为样地内径阶总数；ba 为样地胸高断面积；ba_i 为第 i 株林木的胸高断面积；p_{ij} 为某一林木在第 i 个树种中第 j 个径阶的比例；M_i 为目标树 i 的混交度；N_{sp} 为树种 sp 的林木株数；S_i 为基本结构单元中的树种数；ba_i 为表示第 i 株林木的胸高断面积；t 为林木株数；pj 为第 j 个径阶的胸高断面积比例；p_K 为样地中某一径阶胸高断面积总和占样地胸高断面积总和的比例；d_{MDC} 为某一径阶中值；DBH_i 为第 i 株林木的胸径；$\overline{DBH}$ 为胸径的算术平均值；m 为近邻木株数（取 $m=3$）；DBH_j 为近邻木胸径；α_j 为目标树 i 和近邻木 j 之间的最小角；W_i 为目标树 i 的角尺度；U_i 为目标树 i 的大小比。

11.1.3 结构多样性与森林固碳潜力研究

偏相关分析（PAC）在控制其他变量的线性影响的条件下分析两变量间的线性相关性，具体公式如下：

$$R_{xy,z}=\frac{R_{xy}-R_{xz}R_{yz}}{\sqrt{(1-R_{xz}^2)+(1-R_{yz}^2)}}$$

式中，$R_{xy,z}$ 为控制变量 z 时，变量 x 与 y 之间的偏相关系数，R_{xy}，R_{xz}，R_{yz} 分别为变量 x 与 y、x 与 z、y 与 z 之间的简单相关系数。

多元线性回归分析进一步探究林分结构多样性指数对林分碳储量、碳年均生长量的综合影响。因变量取对数形式来消除数据存在的异方差。自变量的选择采用 LASSO 分析方法。LASSO 分析通过对所有变量系数进行回归惩罚，使得相对不重要的独立变量系数变为 0，排除在建模之外，从而使模型拟合值与观测值之间的偏差最小化。多元回归方程模型如下所示：

$$LN(y_i)=\beta_0+\beta_1 x_1+\beta_2 x_2+\cdots+\beta_n x_n+\varepsilon_i$$

式中，y_i 为林分碳储量、碳年均生长量，X_1，…，X_n 为林分结构多样性指数，b_1，…，b_n 为模型系数，ε 为误差项。

在建模过程中，剔除方差膨胀因子（VIF）大于 10 的变量，以避免过拟合。此外，采用相对权重来评估自变量的相对贡献。残差分析通过残差图和 T 检验评价模型的拟合质量。T 检验以残差均值为 0 作为原假设，检验模型预测值均值与观测值均值之间的显著性。所产生的模型采用 5 种拟合统计量评估其拟合效果，分别为：Akaike 信息统计量准则（AIC）、贝叶斯信息准则（BIC）、均方根误差（RMSE）、绝对偏差（absolute bias）和相关系数的平方（R^2adj）。优先考虑 AIC、BIC、RMSE 和绝对偏差值越小、R^2adj 越高的模型。

11.2　研究结果

11.2.1　林分结构多样性与碳动态之间的偏相关分析

林分碳储量 CS、碳年均生长量 PAI_C、碳生长率 PGR_C 与树种多样性指数的偏相关关系见表 11-3。总体上，树种多样性指数与林分碳储量 CS 呈显著正相关关系（$P<0.05$，$P<0.001$，除了均匀度指数 PI、林分密度 TN 和 McIntosh 指数 MCI 外）。其中，Margalef 指数 MI 与林分碳储量 CS 的相关性最高（$r=0.67$，$P<0.001$），其次是树种—林木大小 Shannon-Wiener 综合指数 $ISHI$（$r=0.48$，$P<0.001$）和树种空间多样性指数 TTS（$r=0.34$，$P<0.001$）。在碳生长指数方面，林分碳年均生长量 $PAIC$ 与所有树种多样性指数呈显著正相关（$P<0.05$，$P<0.001$）。其中，林分密度 TN（$r=0.56$，$P<0.001$）与树种—林木大小 Shannon-Wiener 综合指数 $ISHI$（$r=0.50$，$P<0.001$）的相关系数最高，其次是树种数 S（$r=0.49$，$P<0.001$）和树种空间多样性指数 TTS（$r=0.45$，$P<0.001$）。相比之下，林分碳生长率 $PGRC$ 仅与 2 个树种多

样性指数显著负相关，分别是 Margalef 指数 MI（$r=-0.38$，$P<0.001$）和树种—林木大小 Shannon - Wiener 综合指数 $ISHI$（$r=-0.23$，$P<0.05$）。

表 11-3　树种多样性指数与碳动态之间的偏相关系数

	C	PAI_C	PGR_C	TN	SHI_s	SII_s	S	PI	ISHI	MI	MCI	TSS
CS	1.00	−0.40***	0.45***	0.18	0.26*	0.23*	0.34***	0.19	0.48***	0.67***	−0.13	0.34***
PAI_C		1.00	0.21*	0.56***	0.35***	0.32**	0.49***	0.25*	0.50***	0.24*	0.26*	0.45***
PGR_C			1.00	−0.08	−0.07	−0.05	−0.09	−0.02	−0.23*	−0.38***	−0.01	−0.10
TN				1.00	0.12	0.07	0.38***	−0.01	0.28**	−0.20	0.67***	0.35***
SHI_s					1.00	0.97***	0.81***	0.92***	0.84***	0.34***	−0.18	0.78***
SII_s						1.00	0.70***	0.97***	0.75***	0.32**	−0.20*	0.67***
S							1.00	0.56***	0.85***	0.34***	0.01	0.99***
PI								1.00	0.66***	0.28**	−0.24*	0.52***
ISHI									1.00	0.51***	−0.12	0.82***
MI										1.00	−0.52***	0.36***
MCI											1.00	−0.02
TSS												1.00

注：* 表示在 0.05 水平上显著；** 表示在 0.01 水平上显著；*** 表示在 0.001 水平上显著，下同。

林分碳储量 CS、碳年均生长量 PAI_C、碳生长率 PGR_C 与林木大小多样性指数之间也呈现显著相关关系（表 11-4）。林分碳储量 CS 与所有林木大小多样性指数显著正相关（$P<0.001$），相关系数范围为 0.48～0.80（$P<0.001$）。其中，林分胸高断面积 BA（$r=0.80$，$P<0.001$）的相关系数最高，其次是修正的 Shannon - Wiener 指数 $ISHI_d$（$r=0.75$，$P<0.001$）、胸径的标准差 $SDDBH$（$r=0.68$，$P<0.001$）和林木大小 Shannon - Wiener 指数 SHI_d（$r=0.61$，$P<0.001$）。在碳生长指数方面，除胸径变异系数 CV_d 外，林分碳生长率 PGR_C 与所有林木大小多样性指数均表现出显著负相关关系（$P<0.001$）。其中，林分胸高断面积 BA 与林分碳生长率 PGR_C 的相关性最高（$r=-0.46$，$P<0.001$），其次是林分平方平均直径 QMD（$r=-0.42$，$P<0.001$）和直径分化指数 DDI（$r=-0.40$，$P<0.001$）。但是，林分碳年均生长量 PAI_C 与林木大小多

样性之间的相关性较弱，仅与林分胸高断面积 BA 在 0.001 水平上显著正相关（$r=0.42$，表 11-5）。

表 11-4　林木大小多样性指数与碳动态之间的偏相关系数

	C	PAI_C	PGR_C	QMD	GC	SHI_d	SII_d	$ISHI_d$	BA	$SDDBH$	CV_d	DDI
CS	1.00	-0.40^{***}	0.45^{***}	0.61^{***}	0.53^{***}	0.61^{***}	0.51^{***}	0.75^{***}	0.80^{***}	0.68^{***}	0.48^{***}	0.48^{***}
PAI_C		1.00	0.21^{*}	-0.02	0.17	0.28^{**}	0.26^{*}	0.20	0.42^{***}	0.12	0.22^{*}	0.09
PGR_C			1.00	-0.42^{***}	-0.26^{*}	-0.37^{***}	-0.33^{**}	-0.38^{***}	-0.46^{***}	-0.34^{***}	-0.13	-0.40^{***}
QMD				1.00	0.65^{***}	0.58^{***}	0.48^{***}	0.78^{***}	0.62^{***}	0.85^{***}	0.41^{***}	0.65^{***}
GC					1.00	0.90^{***}	0.85^{***}	0.87^{***}	0.42^{***}	0.91^{***}	0.90^{***}	0.85^{***}
SHI_d						1.00	0.96^{***}	0.89^{***}	0.53^{***}	0.81^{***}	0.84^{***}	0.76^{***}
SII_d							1.00	0.78^{***}	0.45^{***}	0.70^{***}	0.78^{***}	0.72^{***}
$ISHI_d$								1.00	0.60^{***}	0.95^{***}	0.82^{***}	0.75^{***}
BA									1.00	0.55^{***}	0.29^{**}	0.49^{***}
$SDDBH$										1.00	0.80^{***}	0.82^{***}
CV_d											1.00	0.71^{***}
DDI												1.00

林木位置多样性指数方面，聚集度指数 COI 与林分碳储量 CS 呈现显著的负相关关系（$r=-0.22$，$P<0.05$）。混交度 M 分别与林分碳储量 CS（$r=-0.31$，$P<0.05$）、林分碳年均生长量 PAI_C（$r=-0.29$，$P<0.05$）显著负相关。然而，林木位置多样性指数与林分碳生长率 PGR_C 之间的相关性不显著（$P>0.05$，表 11-5）。

表 11-5　林木位置多样性指数与碳动态之间的偏相关系数

	C	PAI_C	PGR_C	M	W	U	CEI	COI
CS	1.00	-0.40^{***}	0.45^{***}	0.31^{**}	-0.18	0.20	0.04	-0.22^{*}
PAI_C		1.00	0.21^{*}	0.29^{**}	0.13	0.03	-0.13	-0.01
PGR_C			1.00	-0.12	0.07	0.11	-0.11	0.09
M				1.00	0.09	0.02	-0.14	0.07
W					1.00	0.07	-0.39	-0.01
U						1.00	-0.15	0.85^{***}

（续）

	C	PAI_C	PGR_C	M	W	U	CEI	COI
CEI							1.00	−0.51***
COI								1.00

11.2.2 林分结构多样性对碳动态的影响

采用多元线性回归分析，构建了林分碳储量 CS、碳年均生长量 PAI_C 和碳生长率 PGR_C 的预测模型，模型参数估计及统计描述见表 11-6。由林分碳储量 CS 预测模型（Model 1）结果可知，林分胸高断面积 BA、修正的 Shannon-Wiener 指数 $ISHI_d$、树种—林木大小 Shannon-Wiener 综合指数 ISHI 和 Simpson 树种多样性指数 SII_s 均对林分碳储量 CS 有显著影响（$P<0.001$，$VIF<5$）。其中，BA、ISHId、ISHI 和 SII_s 对 CS 的贡献率分别为 47.22%、21.11%、19.94% 和 11.73%。该模型的拟合效果良好（Akaike 信息统计量准则 $AIC=26.4$，贝叶斯信息准则 $BIC=41.5$，决定系数 $R^2adj=0.81$，均方根误差 $RMSE=0.269$，绝对偏差 $Bias=0.88$）。残差 T 检验与残差分析结果显示，残差没有表现出明显的异方差和非正态性（$t=-0.018$，$DF=91$，$P=0.985$）。此外，林分碳储量 CS 预测值与观察值之间没有显著差异（图 11-1）。

表 11-6 林分结构多样性指数与林分碳动态回归分析

	因变量	自变量	系数	S. E.	相对重要性（%）	VIF	t-value	P-value
Model 1	CS	Constant	2.068	0.095			21.744	<0.001
		BA	0.000 004	0.000 000 4	47.22	1.767	10.059	<0.001
		$ISHI_d$	0.008	0.003	21.11	1.720	2.916	<0.01
		ISHI	0.101	0.050	19.94	3.889	2.030	<0.05
		SII_s	0.588	0.201	11.73	3.137	2.922	<0.01
Model 2	PAI_C	Constant	−0.520	0.138			−3.762	<0.001
		TN	0.000 3	0.000 07	40.79	1.264	3.844	<0.01
		BA	0.000 001	0.000 000 4	26.20	1.250	2.819	<0.001
		SII_s	0.748	0.172	33.01	1.015	4.350	<0.01

（续）

	因变量	自变量	系数	S. E.	相对重要性（%）	VIF	t - value	P - value
Model 3	PGR_C	*Constant*	2.875	0.213			13.490	<0.001
		BA	−0.000 001	0.000 000 4	37.92	1.864	−3.312	<0.001
		QMD	−0.034	0.014	22.96	2.353	−2.354	<0.01
		DDI	−8.921	3.406	14.31	4.002	−2.619	<0.05
		GC	3.521	1.151	6.78	3.956	3.059	<0.01
		E	−0.000 3	0.000 1	18.03	1.169	−2.742	<0.01

注：S. E. 为标准误差，*VIF* 为方差膨胀因子，Model 1 为林分碳储量 *CS* 预测模型，Model 2 为林分碳年均生长量 PAI_C 预测模型，Model 3 为林分碳生长率 PGR_C 的预测模型，*BA* 为林分胸高断面积，*ISHId* 为修正的 Shannon－Wiener 指数，*ISHI* 为树种—林木大小 Shannon－Wiener 综合指数，SII_s 为 Simpson 树种多样性指数，*TN* 为林分密度，*QMD* 为林分平方平均胸径，*DDI* 为直径分化指数，*GC* 为 Gini 指数，*E* 为海拔，下同。

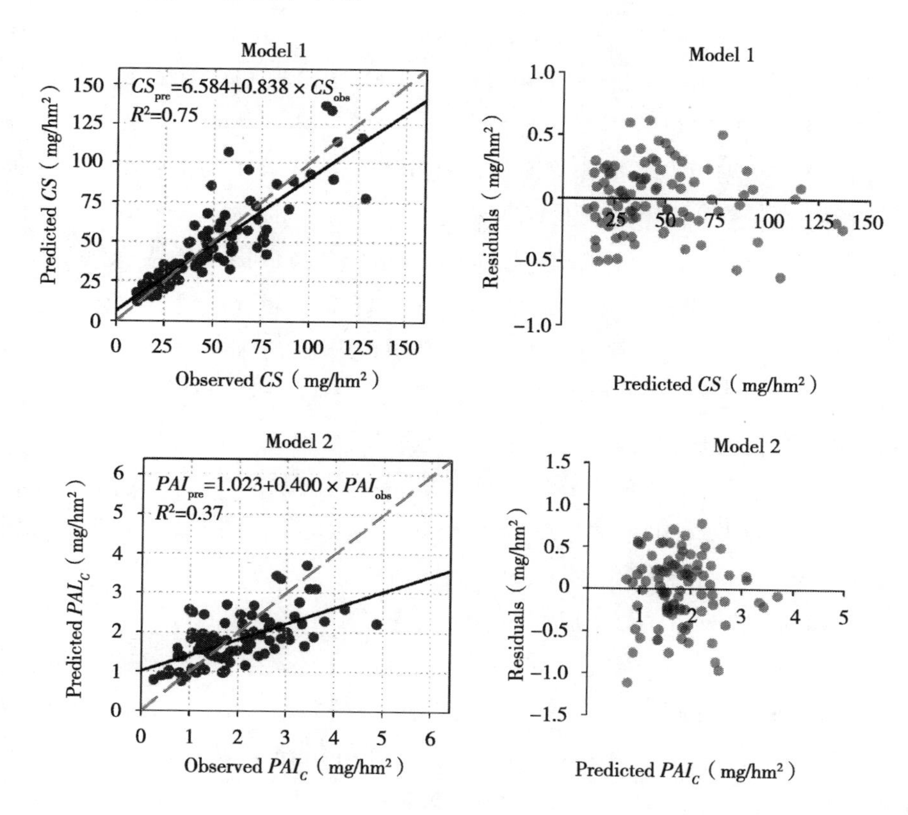

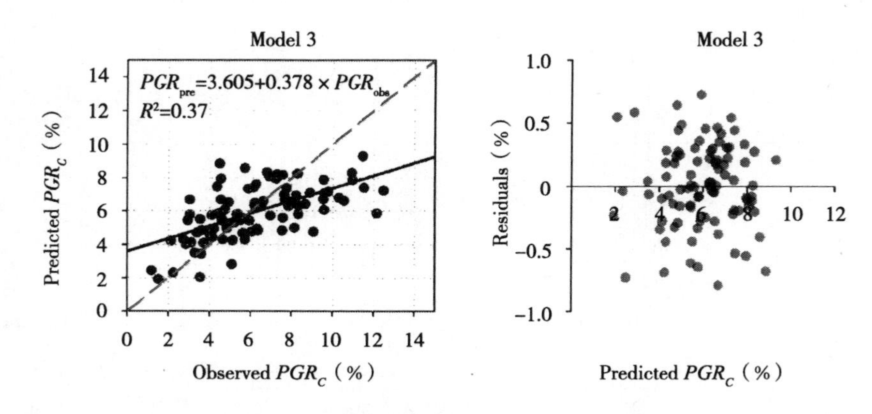

图 11－1　林分碳动态预测值与实测值的关系图和残差图

注：CS_{pre}、PAI_{pre}和PGR_{pre}分别表示 Model 1、Model 2 和 Model 3 的预测值；CS_{obs}、PAI_{obs}和PGR_{obs}代表 CS、PAI_C 和 PGR_C 的观测值；R^2 是预测值和观察值之间线性关系的相关系数。

在林分碳年均生长量 PAI_C 预测模型（Model 2）中，林分密度 TN、林分胸高断面积 BA 和 Simpson 树种多样性指数 $SIIS$ 在 0.001 显著水平上达到显著关系（$VIF<5$），贡献率分别为 40.79%、26.20%和 33.01%。与林分碳储量 CS 预测模型的拟合优度统计量相比，林分碳年均生长量 PAI_C 预测模型的拟合效果较差（$AIC=104.6$，$BIC=117.4$，R^2adj＝0.39，$RMSE=0.407$，$Bias=0.935$），但该预测模型仍然可以提供可靠的林分碳年均生长量预测。残差图（图 11－1）所示，残差没有表现出明显的异方差和非正态性；残差 T 检验结果表示，残差均值与零值无显著性差异（$t=-0.036$，$df=94$，$P=0.972$）。此外，图 11－1 展示了林分碳年均生长量 PAI_C 预测值和观察值的分布，我们从视觉上观察到 PAI_C 通常被低估了。

林分碳生长率 PGR_C 预测模型（Model 3）显示，林分胸高断面积 BA、林分平方平均胸径 QMD、直径分化指数 DDI、Gini 指数 GC 和海拔 E 显著影响了林分碳生长率 PGR_C（$P<0.001$，$VIF<5$）。BA、QMD、DDI、GC 和 E 对 PGR_C 的贡献率分别为 37.92%、22.96%、14.31%、6.78%和 18.03%。拟合优度检验结果表明，林分碳生长率 $PGRC$ 预测模型具有可靠的林分碳生长率预测能力（$AIC=71.3$、$BIC=89.1$、R^2adj＝0.44、$RMSE=0.339$、$Bias=0.952$）。残差分析结果显示，没有明显的异方差和非正态性，T 检验结果为 $t=0.030$（$df=93$，$P=0.976$）。

第 12 章　物种多样性保育和固碳能力提升的量化经营技术

系统工程认为结构决定功能。因此，森林结构决定了森林生态系统的功能。森林固碳功能和生物多样双赢的目标势必对应一定的森林结构。本研究需要探求物种多样性保育和固碳能力提升最优化下的林分空间结构。基于该最优空间结构，进而确定森林经营中所采取的经营措施（如采伐木的确定），将林分逐步导向兼顾生物多样性保育及固碳能力最大的结构。

森林空间结构从林木大小、林木空间分布、林分物种混交程度几个方面系统描述，为合理开展森林经营提供了重要依据。本研究首先选择全混交度、大小比数以及角尺度三个空间结构指数，采用四株木法确定林分的空间结构单元，对目标林分的空间结构进行分析，并构建林分空间结构综合指数。其次，构建森林生物多样性和固碳能力为因变量，森林空间结构指数为自变量的单一主导功能（即森林固碳能力、森林生物多样性）的回归模型。最后，在上述研究的基础上，构建基于单一主导功能的最优空间结构模型，得到基于单一功能的最优空间结构指标及各单一主导功能的最大值，为多样性保育及碳汇协同提升为目标的最优空间结构确定提供基础。

依据权重赋权法，构造出兼顾反映森林生物多样性及固碳能力综合指数。在单一功能的最优空间结构的基础上，构建以单一功能权重为基础的多目标优化模型，利用多目标优化中偏差量最小的思想，得到基于整体功能最优的空间结构，该空间结构为后续森林经营措施的开展，提出具体的量化导向目标。

以所确定的生物多样性及固碳能力整体最优时的空间量化结构为目标，根据现实林分的特点，通过择伐逐步优化森林空间结构。以乘除法构建空间结构目标函数，以非空间结构作为约束条件，构建多目标线性规划模型，对模型进行求解，确定最优择伐木，实现森林择伐作业的量化，对比模拟优化前后各指标变化，建立森林经营优化体系。

12.1 研究方法

12.1.1 林分空间结构综合指数构建

本研究采用全混交度、大小比、角尺度 3 个空间结构参数描述林分空间结构，并在此基础上进一步提出综合空间指数。上述 3 个空间参数的具体公式如下：

1. 全混交度（Mc_i）

全混交度可反映林木间隔离程度，具体公式如下所示：

$$Mc_i = \frac{1}{2}\left(D_i + \frac{n_i}{n}\right)M_i = \frac{M_i}{2}\left[1 - \frac{1}{(n+1)^2}\sum_{j-1}^{s_i} n_j^2 + \frac{n_i}{n}\right] \tag{12-1}$$

式中，D_i为参照木 i 所在空间结构单元的辛普森指数；M_i为参照木 i 的简单混交度；n 为相邻林木的数量；s_i为参照木 i 所在空间结构单元的树种数量；n_i为邻近木中与参照木树种不同的树种数。

2. 大小比数（U）

大小比数可用来描述林木间竞争情况，公式如下：

$$U_i = \frac{1}{n}\sum_{j=1}^{n} k_{ij} \tag{12-2}$$

式中，k_{ij}的取值为 0 或 1，$k_{ij} = \begin{cases} 0 & \text{当邻近木 } j \text{ 的胸径小于参照木 } i \text{ 的胸径} \\ 1 & \text{当邻近木 } j \text{ 的胸径不小于参照木 } i \text{ 的胸径} \end{cases}$

3. 角尺度（W_i）

角尺度可反映林分的水平分布格局，具体公式如下所示：

$$W_i = \frac{1}{n}\sum_{j=1}^{n} z_{ij} \tag{12-3}$$

式中，$z_{ij} = \begin{cases} 1 & \text{当第 } j \text{ 个 } \alpha \text{ 角小于标准角} \alpha_0 \\ 0 & \text{当第 } j \text{ 个 } \alpha \text{ 角不小于标准角} \alpha_0 \end{cases}$

根据乘除法的思想，用全混交度、大小比数以及角尺度构造林分空间结构综合指数。根据各指标的实际意义可知，全混交度越大证明林分的结构越优，大小比数越小则结构越优，当林分水平空间分布接近随机分布时为优，即角尺度值减去 0.5 的绝对值越小则越优。因此，将全混交度作为分子，大小比数和角尺度减去 0.5 后的绝对值作为分母，得到森林空间结构综合指数公式：

$$Q(x)=\frac{M(x)+1}{[U(x)+1]\,|W(x)-0.5|} \tag{12-4}$$

式中，$Q(x)$ 为空间结构综合指数；$M(x)$ 为森林的全混交度；$U(x)$ 为林分的大小比数；$W(x)$ 为林分的角尺度。

12.1.2　森林固碳与生物多样性综合指数构建

12.1.2.1　植物多样性功能

1. Gini 系数

Gini 系数能够客观表达不同径级分布林分的林木大小多样性差异，Gini 系数越大，表示林木大小多样性差异越大。

$$GC=\frac{\sum_{t=1}^{n}(2t-n-1)ba_t}{\sum_{t=1}^{n}ba_t(n-1)} \tag{12-5}$$

式中，ba_t 指径级 t 下林木底面积，单位为 m^2/hm^2。

2. Shannon - Wiener 指数

香农—威纳指数（Shannon - Weiner Index）是在进行物种多样性调查时最常用的指数，它反映了群落的异质性。

$$H=-\sum_{i=1}^{s}p_i\ln p_i \tag{12-6}$$

式中，S 指样地种物种数量；p_i 指第 i 种的个数与样地内总个体数的比值。

3. Pielou 均匀度指数

物种均匀度是指某一群落或生境中全部物种个体数目的分配状况，Pielou 均匀度指数反映了各物种个体数目分配的均匀程度。

$$J_h=\frac{-\sum_{i=1}^{s}p_i\ln p_i}{\ln S} \tag{12-7}$$

式中，S 指样地中物种数量；p_i 指第 i 种的个数与样地内总个体数的比值。

4. 辛普森指数

辛普森多样性指数（Simpson index）描述了从一个群落种连续两次抽样所得到的个体数属于同一种的概率，是反映物种多样性的指标。

$$D = 1 - \sum_{j-1}^{s} p_j^2 \qquad (12-8)$$

式中，S 指样地中物种数量；p_i 指第 i 种的个数与样地内总个体数的比值。

12.1.2.2 固碳功能

根据计算出的生物量结果，计算各个样地的碳储量，计算公式如下：

$$C = W \times BEF \qquad (12-9)$$

式中，C 表示植物碳储量（kg/hm^2），W 指植物生物量（kg/hm^2），BEF 为转化系数，具体 BEF 值大小与树种有关。

基于 4 个植物多样性指数，采用 CRITIC 方法得到物种多样性综合指数。在此基础上，同样采用 CRITIC 方法整合固碳功能，得到森林固碳与生物多样性综合指数。

12.1.3 森林固碳与生物多样性协同的空间结构优化模型

12.1.3.1 森林固碳和生物多样性单一主导功能回归模型

本研究选择多元二次回归作为基础模型，构建森林生物多样性和固碳能力为因变量，森林空间结构指数为自变量的单一主导功能的回归模型。为了扩大样本数量，本研究把 20m×20m 的样地划分为 2 个 10m×20m 的小样格作为样本，以提高模型精度。采用如下基础模型，量化多功能指标与空间结构因子之间的关系：

$$Y_i = f_i(M, U, W) \qquad (12-10)$$

式中，Y_i 为森林单一功能（生物多样性或森林固碳功能），M、U、W 分别为全混交度、大小比数及角尺度。

最后，计算均方根误差 $RMSE$，决策系数 R^2 等统计量，并绘制残差图，对模型的预测能力进行评价。

12.1.3.2　单一功能主导最优空间结构确定

在计算某个主导功能的最优空间结构模式时，考虑另外一个功能水平在所有观测样地的平均水平之上，且空间综合结构指数也不低于研究样地的平均水平，因此以单一功能主导的最优空间结构优化模型及其约束条件如下：

$$\text{Max}Z = f_i(M, U, R, W) \qquad (12-11)$$

$$f_j(M, U, R, W) \geqslant \bar{Y}_j (j=1, 2, j \neq i)$$

$$i=1, 2, 3, 4$$

$$Q_x \geqslant Q_0$$

式中，MaxZ 为基于单一功能的最大值，Q_x 为某一单一功能的空间结构综合指数，Q_0 为观测样地的平均空间结构综合指数。

对上述模型进行求解，得到基于单一功能（即森林固碳能力、森林生物多样性）的最优空间结构及各单一主导功能的最大值。

12.1.3.3　森林固碳与生物多样性协同最优空间结构确定

本研究的目标是通过合理开展森林经营，使得生物多样性保育和森林固碳两个功能同时最优。但是，在现实的经营活动中无法实现所有功能都达到最大化的目标，本研究以每个功能的权重为基础建立多目标优化模型。模型以每个单一功能尽可能达到最优状态为约束条件，以偏差变量之和达到最小作为目标函数，且约束等级为每个功能的指标权重。具体模型表述如下：

$$f_2(M, U, R, W) + d_2^+ - d_2^- = Z_2$$

$$f_1(M, U, R, W) + d_1^+ - d_1^- = Z_1 \qquad (12-12)$$

$$\text{Min}Z = P_1(d_1^- + d_1^+) + P_2(d_2^- + d_2^+)$$

式中，Z_2，Z_1 分别为通过基于单一主导功能模型计算出的固碳功能、生物多样性功能的最大值；d_1^+，d_2^+ 为对应功能的正偏差变量，d_1^-，d_2^- 为对应功能的负偏差变量，表示实际值与目标值的差值；P_1，P_2 为各自功能的权重（由 Critic 方法计算得到）。对模型进行求解，计算出森林生物多样性及固碳能力协同最优的空间结构指数（M、U、W）及最优结构综合指数。

12.1.4 基于最优空间结构的林分调整方案

12.1.4.1 目标函数的确定

在对林分空间结构进行优化时，选择林分空间综合结构指数作为目标函数，林分空间指数全混交度、大小比数以及角尺度、林分非空间结构指数（如树种数量、径级数等）为约束条件，构建林分空间结构多目标优化模型。值得说明的是，本研究所确定的森林生物多样性及固碳能力协同最优的空间结构指数，为多目标规划空间指数的约束条件。

12.1.4.2 约束条件的设置

1. 树种多样性原则

为保证林分树种多样性，保持择伐前后，树种数量一致。

2. 直径结构

一般情况下，林分径级数越多，林分结构越优，因此要保证择伐后林分径级数不变。

3. 采伐量控制

为保证森林效益收获的永续性，在采伐时要控制采伐的强度，保证采伐量小于生长量，间伐强度小于30%。

4. 空间结构指标约束

经采伐后的林分应提升树种的隔离程度、降低林木之间的竞争强度，且整体水平格局分布更加趋近于随机分布。以上空间结构特点可通过调整空间结构指标大小来控制。

12.1.4.3 模型建立

1. 目标函数

$$\mathrm{Max}(Z)=Q_{(x)} \tag{12-13}$$

2. 约束条件

$$N_{(x)}=N_0$$
$$D_{(x)}=D_0$$
$$M_{(x)}\geqslant M_0$$
$$U_{(x)}\leqslant U_0$$
$$|W_{(x)}-0.5|\leqslant|W_0-0.5|$$

$$P \leqslant Z$$

$$Y_{(x)} \leqslant 30\%$$

式中，N_0为林分择伐前树种数量，$N_{(x)}$为林分择伐后树种数量；D_0为林分择伐前径级数量，$D_{(x)}$为林分择伐后径级数量；M_0为林分择伐前全混交度，$M_{(x)}$为林分择伐后全混交度；U_0为林分择伐前大小比数，$U_{(x)}$为林分择伐后大小比数；W_0为林分择伐前角尺度，$W_{(x)}$为林分择伐后角尺度；P表示采伐量，Z表示生长量；$Y_{(x)}$表示采伐强度。

约束条件：①择伐前后林分树种数量不变；②择伐前后林分径级数量不变；③择伐后林分全混交度不低于择伐前林分全混交度；④择伐后林分大小比数不高于择伐前林分大小比数；⑤择伐后林分分布格局更趋于随机分布状态；⑥采伐量不超过生长量；⑦采伐强度不超过 30%。

12. 1. 4. 4　择伐流程图

对林分内非健康的林木直接进行采伐，其余林木按照林分空间结构的约束条件以及林分空间结构综合指数$Q_{(x)}$确定择伐木，使得林分空间整体结构不断趋于优化，逐渐逼近森林生物多样性及固碳能力协同最优的空间结构。具体择伐流程图如图 12－1 所示。

12. 2　研究结果

12. 2. 1　基于单一主导功能的回归模型

对林分的物种多样性功能和固碳功能，分别与三个空间结构指数进行多元二次回归分析，构建单一功能为因变量与空间结构指数为自变量的关系模型。

1. 物种多样性回归模型

对林分的物种多样性综合指数与 3 个空间结构指数进行多元二次回归分析，得到物种多样性模型，如下式所示：

$$Z1 = -0.05525 - 4.99519U + 1.90786M + 4.66219W + 14.67076U^2 - 2.38503M^2 + 1.00612W^2 - 5.45005UM - 13.16208UW + 4.22442MW$$

模型的确定系数R^2值为 0.614 9，平均绝对误差AMR为 0.066 4，均方根误差$RMSE$为 0.082 8。由残差图进一步可知，标准化残差均匀分

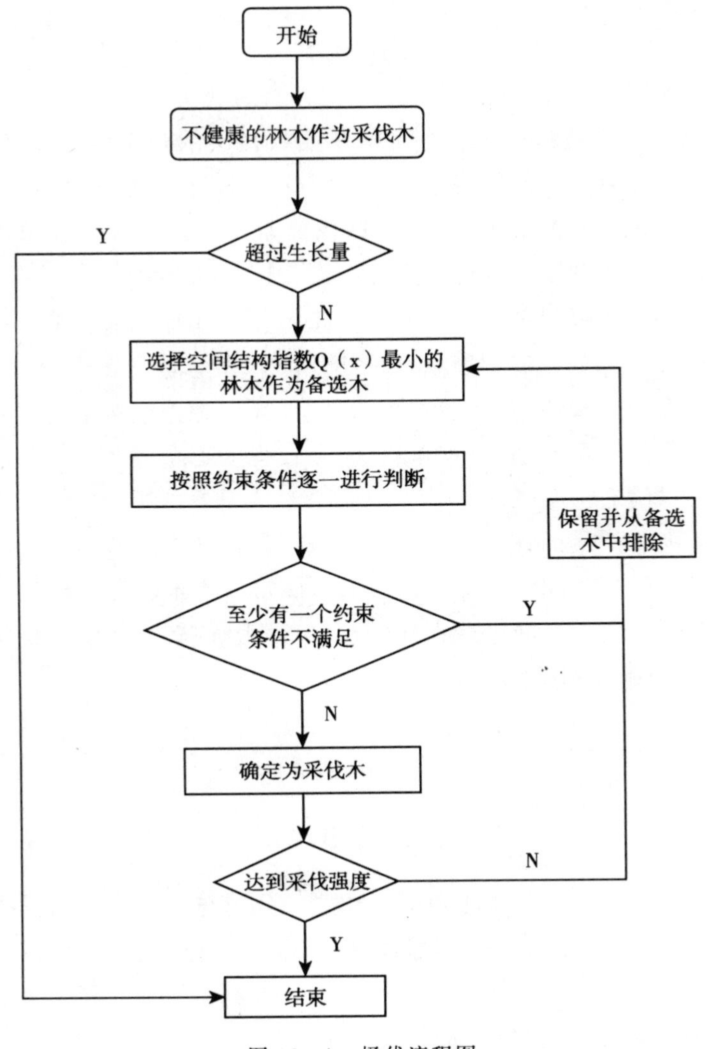

图 12－1　择伐流程图

布在 0 两侧，没有发现明显的趋势（图 12－2）。因此，物种多样性回归模型具有较好的预估精度与准确度。

2. 固碳功能与空间结构的拟合方程

对林分的固碳功能与 3 个空间结构指标进行多元二次回归分析，得到森林固碳回归模型，模型具体形式如下：

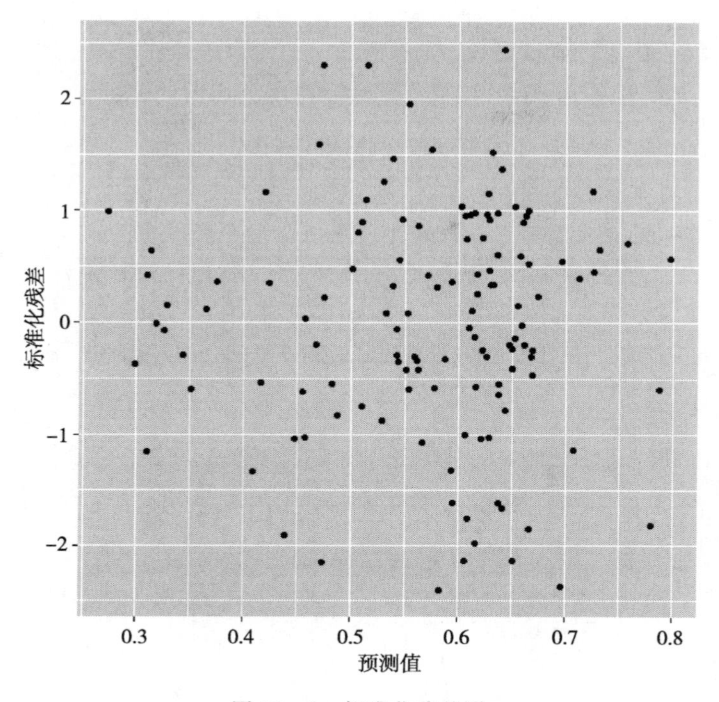

图 12-2　标准化残差图

$$Z2=-568\ 955+3\ 334\ 009U+243\ 440M-830\ 288W-3\ 597\ 323U^2+169\ 110M^2+640\ 611W^2+626\ 515UM+307\ 191UW-929\ 921MW$$

模型的确定系数 R^2 值为 0.532 3，平均绝对误差 *AMR* 为 9 725.032 0，均方根误差 *RMSE* 为 11 395.460 0。由残差图进一步可知，标准化残差均匀分布在 0 两侧，没有发现明显的趋势（图 12-3）。因此，物种多样性回归模型具有较好的预估精度与准确度。

12.2.2　基于单一功能最优的森林空间结构

在考虑基于单一主导功能最优时，也应考虑另一功能达到平均水平之上，且此时空间综合结构指数也不低于平均水平。因此，以另一功能以及空间综合结构指数为约束条件，得到基于单一主导功能的最优空间结构优化模型：

$$\mathrm{Max}Z=f_i(M,U,W) \qquad (12-14)$$

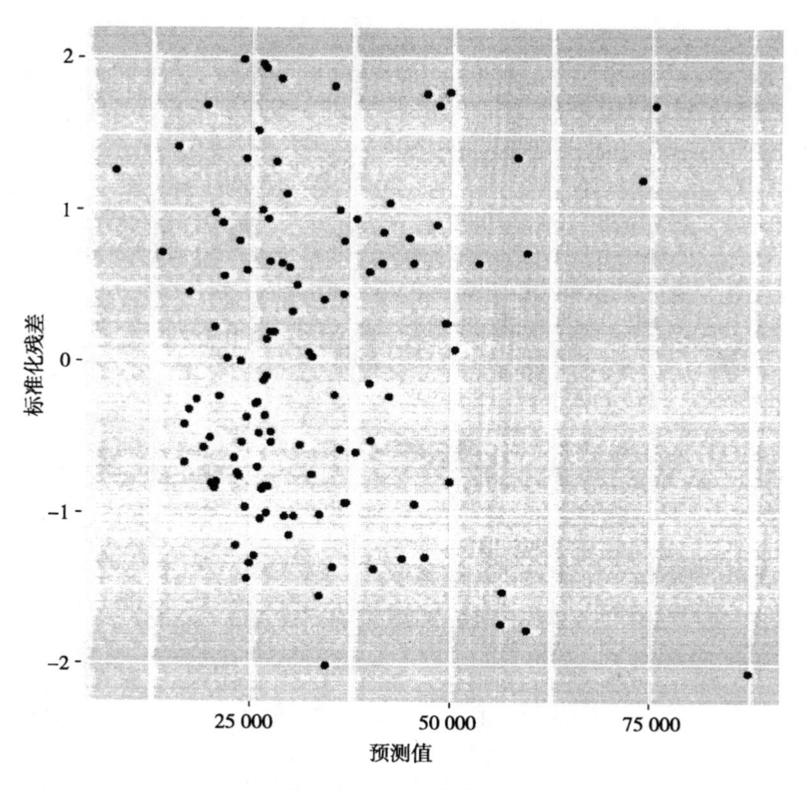

图 12-3 标准化残差图

$$f_j(M, U, W) \geqslant \bar{Y}_j \quad (j=1, 2, j \neq i)$$

$$i=1, 2$$

$$Q_x \geqslant Q_0$$

式中，Max$Z$ 为基于单一功能的最大值，$\bar{Y}_j$ 为另一功能的平均水平，Q_x 为基于单一功能的空间结构综合指数，Q_0 为马尾松天然林平均空间结构综合指数。

对上述模型求解，得到基于单一功能的最优时，空间结构指数值以及单一主导功能的最大值（表 12-1）。物种多样性最优时的最大多样性综合指数为 1.174 9，达到该最大值时，全混交度为 0.706 1，大小比为 0.528 0，角尺度为 0.443 8；固碳能力最大值为 147 181.60，此时全混交度为 0.650 4，大小比为 0.634 3，角尺度为 0.437 8。

表 12-1　基于单一主导功能的最优空间结构模式

主导功能	全混交度 (M)	大小比数 (U)	角尺度 (W)	单一主导功能最大值 ($\bar{Y}$)	空间综合指数 (Q)
物种多样性功能	0.706 1	0.528 0	0.443 8	1.174 9	15.922 9
固碳功能	0.650 4	0.634 3	0.437 8	147 181.600 0	15.923 0

12.2.3　基于固碳与生物多样性协同的最优空间结构

$$f_1(M, U, W)+d_1^- - d_1^+ = Z_1$$
$$f_2(M, U, W)+d_2^- - d_2^+ = Z_2 \qquad (12-15)$$
$$\text{Min}Z = P_1(d_1^- + d_1^+) + P_2(d_2^- + d_2^+)$$

式中，Z_1、Z_2分别为基于单一主导功能模型计算得到的物种多样性功能、固碳功能的最大值；d_1^+、d_2^+为对应的正偏差变量，d_1^-、d_2^-为对应的负偏差变量；P_1、P_2为各自功能的权重。

由 Lingo 软件计算出基于整体功能最优的空间结构模式为｛0.706 1，0.528 0，0.443 8｝，此时，空间综合结构指数为 15.922 9，物种多样性功能指数为 1.174 9，固碳功能指数为 37 060.320 0（表 12-2）。

表 12-2　基于生物多样性及森林固碳能力协同的最优空间结构

主导功能	全混交度 (M)	大小比数 (U)	角尺度 (W)	单一主导功能最大值 ($\bar{Y}$)	空间综合指数 (Q)
物种多样性功能	0.706 1	0.528 0	0.443 8	1.174 9	15.922 9
固碳功能	0.650 4	0.634 3	0.437 8	147 181.600 0	15.923 0

12.2.4　基于森林固碳与生物多样性最优空间优化结构的森林调整研究

以慈利县天心阁林场马尾松天然林样地为例，由上述约束条件，最终得到该样地的择伐备选木信息，具体如表 12-3 所示。

根据约束条件得到模拟优化采伐木筛选结果，最终马尾松天然次生林样地中共有 11 株林木被选为采伐木，其中有马尾松 3 株、杉木 1 株、栎类 3 株、樟木 1 株、漆树 1 株、其他硬阔类 1 株、其他果树类 1 株，采伐强度为 10.38%。模拟择伐后样地内林木分布情况如图 12-4 所示，其中，圆黑点代表采伐木，空心圆圈代表保留木。

表 12-3　马尾松天然次生林样地择伐备选木信息

样木号	X 坐标	Y 坐标	树种	胸径（cm）
9	18.738 09	17.145 22	马尾松	270
46	1.882 13	3.657 028	马尾松	194
75	19.577 76	18.505 42	杉木	108
85	2.045 352	3.465 92	马尾松	114
99	19.834 04	22.097 48	栎类	192
132	10.998 06	11.306 2	栎类	90
149	17.044 52	5.143 231	其他硬阔类	92
155	2.000 225	10.393 72	栎类	81
158	9.880 912	13.557 7	其他果树类	137
161	23.477 16	10.667 72	樟木	122
193	1.413 17	12.913 17	漆树	53

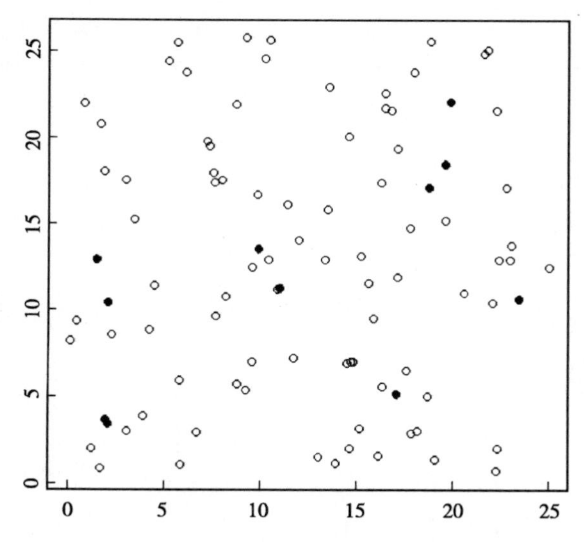

图 12-4　马尾松天然次生林样地择伐木位置分布

马尾松天然次生林样地采伐前后，样地空间结构指数发生了变化，具体情况如表 12-4 所示。在马尾松天然次生林样地内共模拟采伐了 11 株林木，采伐后样地内林木树种数（*N*）和径级数（*D*）均未发生改变；模拟优化后林分全混交度（*M*）为 0.412 9，较之前提升了 2.049 9%；模拟优化后林分大小比数（*U*）为 0.509 5，较之前减小了 0.443 3%；模拟优化后林分关于角尺度的指标（$|W-0.5|$）为 0.076 2，较之前减小了 19.238 1%；模拟优化后林分空间结构指数（*Q*）为 12.284 8，较之前增加了 24.739 1%。

表 12-4　马尾松天然次生林样地优化前后空间结构参数对比

参数	优化前	优化后	变化趋势	变化幅度
树种数（*N*）	12	12	不变	—
径级数（*D*）	7	7	不变	—
全混交度（*M*）	0.404 6	0.412 9	增大	2.049 9%
大小比数（*U*）	0.511 8	0.509 5	减小	-0.443 3%
角尺度（$\|W-0.5\|$）	0.094 3	0.076 2	减小	-19.238 1%
空间结构指数（*Q*）	9.848 4	12.284 8	增大	24.739 1%

模拟优化后，马尾松天然次生林样地的空间结指数为｛0.412 9，0.509 5，0.576 2｝，而森林固碳及多样性保育协同的最优空间结构为｛0.706 1，0.528 0，0.443 8｝。由此可见经过择伐木的伐除，林分的空间结构逐步接近森林固碳及多样性保育协同的最优空间结构。

12.2.5　小结

本研究以空间结构综合指数为目标函数，由约束条件筛选出符合条件的采伐木，进行模拟优化，比较各参数的变化情况进行分析。根据 3471 号样地模拟优化结果可知，择伐后样地内树种数量、径级数均无变化，林分空间结构因子得到了显著提升，林分空间整体结构得到了优化；在多功能指数方面，由前文中得到的关于林分空间结构和林分多功能之间的关系模型，计算模拟优化后各多功能指标的预测值，林分的物种多样功能指数预测值略有减小，但是固碳功能指数预测值得到了显著的增加，但是整体上与基于单一主导功能时的各功能理想值相比仍有差距。因此，需要等到下一个经理期，重复上述步骤，重新得到采伐木，不断优化森林结构，实现生物多样性保育与固碳能力的协同提升。

本章基于湖南省一类数据，采用偏相关分析及 Lasso 回归方法，探讨了不同生物多样性指数与生产力的关系。并提出如何通过森林经营改变这些多样性指数，进而间接提升森林的生产力（固碳能力）。通过数据分析，本研究并没有发现存在单峰规律，即在湖南省慈利县开展的实验数据不支持单峰假说。除了单峰假说植物，线性正向关系假说被学者广泛支持。研究表明生物多样性与生产力存在正向线性相关关系。此外，筛选出对生产力影响最大的森林结构多样性指数（*SII*、*DDI*、*GC*、*E*）。通过森林经营影响森林结构多样性指数，进而影响森林的固碳能力。

参 考 文 献

白雪娇，邓莉萍，李露露，等，2015. 辽东山区次生林木本植物空间分布［J］. 生态学报，35（1）：10－20.

陈会智，黎艳明，周毅 . 2010. 粤西次生针阔混交群落的林下植被物种组成与多样性研究［J］. 广东林业科技，26（4）：35－40.

陈金磊，方晰，辜翔，等 . 2019. 中亚热带 2 种森林群落组成，结构及区系特征［J］. 林业科学，55（2）：159－172.

程真，周光益，吴仲民，等 . 2015. 南岭南坡中段不同群落林下幼树的生物多样性及分布［J］. 林业科学研究，28（4）：543－550.

陈婕，2020. 湘西典型小流域不同林分生态系统服务评估［D］. 北京：中国林科院 .

成向荣，徐金良，刘佳，等 . 2014. 间伐对杉木人工林林下植被多样性及其以营养元素现存量影响［J］. 生态环境学报，23（1）：30－34.

陈鹭真，林鹏，王文卿 . 2006. 红树植物淹水胁迫响应研究进展 . 生态学报，26（2）：586－593.

崔宁洁，刘洋，张健，等 . 2014. 林窗对马尾松人工林植物多样性的影响［J］. 应用与环境生物学报，20（1）：8－14.

董希斌，王立海 . 2003. 采伐强度对林分蓄积生长量与更新影响的研究［J］. 林业科学，39（6）：122－125.

邓仕坚，廖利平，汪思龙，等 . 2000. 湖南会同红栲—青冈—刨花楠群落生物生产力的研究［J］. 应用生态学报，11（5）：651－654.

邓贤兰 . 2003. 井冈山自然保护区栲属群落植物区系分析［J］. 植物科学学报，21（1），61－65.

方运霆，莫江明，彭少麟，等 . 2003. 森林演替在南亚热带森林生态系统碳吸存中的作用［J］. 生态学报，23（9）：1685－1694.

高雪松，邓良基，张世熔 . 2005. 不同利用方式与坡位土壤物理性质及养分特征分析［J］. 水土保持学报，19（2）：53－56.

宫超，汪思龙，曾掌权，等 . 2011. 中亚热带常绿阔叶林不同演替阶段碳储量与格局特征［J］. 生态学杂志，9（30）：1935－1941.

高昌云，张文辉，何景峰，等.2013. 黄龙山油松人工林间伐效果的综合评价［J］. 应用生态学报，24（5）：1313－1319.

郭文月.2019. 生物多样性与森林生态系统服务功能关系探讨. 中国林业经济（4）：59－61.

郭梦昭，高露双，范春雨.2019. 物种多样性与生产力研究进展. 世界林业研究（3）：18－23.

郭屹立.2010. 伊洛河流域不同环境梯度下草本植物群落物种多样性研究［D］. 开封：河南大学.

贺金生，陈伟烈.1997. 陆地植物群落物种多样性的梯度变化特征［J］. 生态学报，17（1）：93－101.

贺金生，韩兴国.2010. 生态化学计量学：探索从个体到生态系统的统一化理论［J］. 植物生态学报，34（1）：2－6.

侯燕南.2017. 亚热带4种典型生态林碳储量及分配特征研究［D］. 长沙：中南林业科技大学.

侯元兆，张佩昌，王琦.1995. 中国森林资源核算研究［M］. 北京：中国林业出版社.

黄宇，冯宗炜，汪思龙，等.2005. 杉木、火力楠纯林及其混交林生态系统C、N贮量［J］. 生态学报，25（12）：3146－3154.

何波祥，曾令海，王洪峰，等.2008. 中国热带次生林生产潜力与经营模式研究［J］. 广东林业科技（2）：74－81.

黄龙生，李永宁，冯楷斌，等.2015. 冀北山地杨桦次生林林分空间结构研究［J］. 中南林业科技大学学报（1）：50－55.

金彪，曾掌权，彭湃，等.2017. 中亚热带常绿阔叶林不同演替阶段乔木层生物量特征［J］. 湖南林业科技，44（5）：42－45.

康冰，刘世荣，蔡道雄，等.2010. 南亚热带不同植被恢复模式下土壤理化性质［J］. 应用生态学报，21（10）：2479－2486.

雷相东，陆元昌，张会儒，等.2005. 抚育间伐对落叶松云冷杉混交林的影响［J］. 林业科学，41（4）：78－85.

刘庆，吴彦.2002. 滇西北亚高山针叶林林窗大小与更新的初步分析［J］. 应用与环境生物学报，8（5）：453－459.

李春义，马履一，王希群，等.2007. 抚育间伐对北京山区侧柏人工林林下植物多样性的短期影响［J］. 北京林业大学学报，29（3）：60－66.

李瑞霞，马洪靖，闵建刚，等.2012. 间伐对马尾松人工林林下植物多样性的短期和长期影响［J］. 生态环境学报，21（5）：807－812.

刘紫薇，2020. 湘西主要乡土树种光特性和种间联结研究及森林经营启示［D］. 北京：北

京林业大学 .

兰长春，余艳峰，刘波，等 . 2008. 安徽肖坑亚热带常绿阔叶次生林的结构特征 [J]. 东北林业大学学报，36 (11)：18 - 21.

李立 . 2008. 古田山中亚热带常绿阔叶林木本植物多样性及优势种群格局研究 [D]. 金华：浙江师范大学 .

李永强 . 1994. 甘南次生林经营措施 [J]. 甘肃林业科技 (4)：54 - 56.

刘兴诏，周国逸，张德强，等 . 2010. 南亚热带森林不同演替阶段植物与土壤中 N、P 的化学计量特征 [J]. 植物生态学报，34 (1)：64 - 71.

马志波，肖文发，黄清麟，等 . 2016. 森林群落多样性与空间格局研究综述 [J]. 世界林业研究，29 (3)：35 - 39.

马履一，李春义，王希群，等 . 2007. 不同强度间伐对北京山区油松生长及其林下植物多样性的影响 [J]. 林业科学，43 (5)：1 - 9.

马克平 . 1995. 小叶章草地生态系统结构与功能的研究Ⅳ能量的固定和分配 [J]. 生态学报，15 (1)：23 - 31.

牛莉芹 . 2019. 人类干扰对五台山森林群落结构的影响 [J]. 应用与环境生物学报，25 (2)：300 - 312.

农友，卢立华，游建华，等 . 2018. 南亚热带不同演替阶段次生林植物多样性及乔木生物量 [J]. 中南林业科技大学学报，38 (12)：83 - 88.

齐梦娟，2021. 间伐强度对青冈栎次生林土壤养分和土壤活性有机碳的影响 [D]. 北京：中国林科院 .

沈国舫 . 2001. 从“造林学”到“森林培育学”[J]. 科技术语研究 (2)：33 - 34.

盛炜彤 . 2016. 我国应将天然次生林的经营放在重要位置 [J]. 林业科技通讯 (2)：10 - 13.

石君杰，陈忠震，王广海，等 . 间伐对杨桦次生林冠层结构及林下光照的影响 [J]. 应用生态学报 (6)：1956 - 1964.

石朔蓉，齐梦娟，王书韧，等 . 2022. 湘西天心阁青冈栎次生林林下主要木本植物的生态策略 [J]. 中南林业科技大学学报，42 (3)：53 - 61.

童书振，张建国，罗红艳，等 . 2000. 杉木林密度间伐试验 [J]. 林业科学，36 (增刊 1)：86 - 89.

田自强，陈玥，赵常明，等 . 2004. 中国神农架地区的植被制图及植物群落物种多样性 [J]. 生态学报，24 (8)：1611 - 1621.

汤景明，孙拥康，冯骏，等 . 2018. 不同强度间伐对日本落叶松人工林生长及林下植物多样性的影响 . 中南林业科技大学学报，38 (6)：90 - 93.

田生，陈凤春，魏胜利 . 2008. 森林经营与森林植物多样性 [J]. 林业勘查设计 (1)：

6-9.

王凯.2013. 间伐强度对河北平泉油松人工林林下植物的短期影响 [D]. 北京：北京林业大学.

王建军，孟京辉，等.2020. 基于森林功能分区的经营小班划分研究 [J]. 西北林学院学报，35（3）：165-170.

王乃江.2010. 陕西子午岭森林植物群落种间联结性 [J]. 生态学报，30（1）：0067-0078.

王伊琨，赵云，马智杰，等.2014. 黔东南典型林分碳储量及其分布 [J]. 北京林业大学学报，36（5）：54-61.

尉海东，马祥庆.2007. 不同发育阶段马尾松人工林生态系统碳贮量研究 [J]. 西北农林科技大学学报，35（1）：171-174.

魏晨辉，沈光，裴忠雪，等.2015. 不同植物种植对松嫩平原盐碱地土壤理化性质与细根生长的影响 [J]. 植物研究，35（5）：759-764.

王懿祥，张守攻，陆元昌，等.2014. 干扰树间伐对马尾松人工林目标树生长的初期效应 [J]. 林业科学，50（10）：67-73.

徐金良，毛玉民，郑成忠，等.2014. 抚育间伐对杉木人工林生长及出材量的影响 [J]. 林业科学研究，27（1）：99-107.

徐满厚，刘敏，翟大彤，等.2016. 植物种间联结研究内容与方法评述 [J]. 生态学报，36（24）.

杨育林，李贤伟，周义贵，等.2014. 林窗式疏伐对川中丘陵区柏木人工林生长和植物多样性的影响 [J]. 应用与环境生物学报，20（6）：971-977.

叶万辉.2000. 物种多样性与植物群落的维持机制 [J]. 生物多样性，8（1）：17-24.

殷天颖.2016. 六种公益林植物多样性与土壤特征的研究 [D]. 长沙：中南林业科技大学.

姚天华，朱志红，李英年，等.2016. 功能多样性和功能冗余对高寒草甸群落稳定性的影响 [J]. 生态学报，36（6）：1547-1558.

尤文忠，赵刚，张慧东，等.2015. 抚育间伐对蒙古栎次生林生长的影响 [J]. 生态学报，35（1）：56-64.

张乔民，于红兵，陈欣树，等.1997. 红树林生长带与潮汐水位关系的研究 [J]. 生态学报，17（3）：258-265.

张小鹏，王得祥，常明捷.2016. 林窗干扰对森林更新及其微环境影响的研究 [J]. 西南林业大学学报，36（6）：170-177.

张水松，陈长发，吴克选.等.2005. 杉木林间伐强度试验20年生长效应的研究 [J]. 林业科学，41（5）：56-65.

赵娜 . 2014. 将乐林场栲类次生林结构及调整研究 [D]. 北京：北京林业大学 .

朱教君 . 2002. 次生林经营基础研究进展 [J]. 应用生态学报，13 (12)：1689 - 1694.

张金屯 . 2004 数量生态学 [M]. 北京：科学出版社 .

张光训，付绍春 . 2009. 鹰咀界天然林保护区甜槠林群落多样性研究 [J]. 湖南林业科技，36 (4)：21 - 24.

张清元 . 2011. 天然次生林抚育在生态保护中的作用 [J]. 民营科技 (7)：80.

周红章 . 1995. 物种与物种多样性 [J]. 生物多样性，8 (2)：215 - 226.

周玉荣，于振良，赵士洞 . 2000. 我国主要森林生态系统碳贮量和碳平衡 [J]. 植物生态学报，24 (5)：518 - 522.

Ai C R, Norton E C. Interaction terms in logit and probit models [J]. Economics Letters. 2003, 80 (1): 123 - 129.

Andersson F O, Agren G I, Fuhrer E. 2000. Sustainable tree biomass product [J]. Forest Ecology and Management (132): 51 - 62.

Chen Gongab, et al. 2021. Forest thinning increases soil carbon stocks in China [J]. Forest Ecology and Management (2): 118812.

C. F. Kormos, et al. 2018. Primary Forests: Definition, Status and Future Prospects for Global Conservation [J]. Encyclopedia of the Anthropocene (2): 31 - 41.

Elias RB, Dias E. 2009. Gap dynamics and regeneration strategies inJuniperus - Laurus forests of the Azores Islands [J]. Plant Ecol, 200 (2): 179 - 189.

Goderya F S. 1998. Field scale variations in soil properties for spatially variable control: a review [J]. Journal of Soil Contamination, 7 (2): 243 - 264.

Grace John, Mitchard Edward, Gloor, Emanuel. 2014. Perturbations in the carbon budget of the tropics [J]. Global Change Biology, 20 (10): 3238 - 3255.

Greig - Smith, P. 1983 Quantitative plant ecology [M]. Univ of California Press.

He, Huaijiang, et al. 2019. Short - Term Effects of Thinning Intensity on Stand Growth and Species Diversity of Mixed Coniferous and Broad - Leaved Forest in Northeastern China [J]. Scientia Silvae Sinicae, 55 (2): 43477.

Johnson S E, Ferguson I S, Li R W. Evaluation of a stochastic diameter growth model for mountain ash [J]. Forest science. 1991, 37 (6): 1671 - 1681.

Kim S, Li G L, Han S H. 2019. Microbial biomass and enzymatic responses to temperate oak and larch forest thinning: Influential factors for the site - specific changes. Science of the Total Environment, 651 (2): 2068 - 2079.

Lasky J R, Uriarte M, Boukili V K, et al. 2014. The relationship between tree biodiversity and biomass dynamics changes with tropical forest succession [J]. Ecology Letters, 17

(9): 1158 - 1167.

Len N Gillman, Shane D Wright. 2006. The influence of productivity on the species richness of plants: a critical assessment [J]. Ecology, 87 (5): 1234 - 1243.

Liang J, Picard N. Matrix model of forest dynamics: An overview and outlook [J]. Forest science. 2013, 59 (3): 359 - 378.

Liang J, Crowther T W, Picard N, et al. 2016. Positive biodiversity - productivity relationship predominant in global forests [J]. Science, 354 (6309). DOI: 10.1126/science. Aaf 8957.

Liang J. Dynamics and management of Alaska boreal forest: An all - aged multi - species matrix growth model [J]. Forest Ecology and Management. 2010, 260 (4): 491 - 501.

Lieth H, Whittaker R H. 1975. Primary productivity of biophere [M]. Berlin: Springer - Verlag.

Lin C - R, Buongiorno J. Fixed versus variable - parameter matrix models of forest growth: the case of maple - birch forests [J]. Ecological Modelling. 1997, 99 (2 - 3): 263 - 274.

Lindgren, Pontus M. F, Sullivan, Thomas P. 2013. Influence of stand thinning and repeated fertilization on plant community abundance and diversity in young lodgepole pine stands: 15 - year results [J]. Forest Ecology and Management (15): 17 - 30.

Ma, J Y, Kang, F F, Cheng, X Q, Han, HR. 2018. Moderate thinning increases soil organic carbon in Larix principis - rupprechtii (Pinaceae) plantations. Geoderma (329): 118 - 128.

McGill, Brian J, Maurer, Brian A, Weiser, Michael D. 2006. Special Feature - Neutral Community Ecology - Empirical evaluation of neutral theory [J]. Ecological Society of America, 87 (6): 1411 - 1423.

Michael A. Huston, Gregg Marland. 2003. Carbon management and biodiversity [J]. Journal of Environmental Management, 67 (1): 77 - 86.

Norton E C, Wang H, Ai C. Computing interaction effects and standard errors in logit and probit models [J]. Stata Journal. 2004, 4 (2): 154 - 167.

Ouyang S, Xiang W H, Wang X P, et al. 2016. Significant effects of biodiversity on forest biomass during the succession of subtropical forest in south China [J]. Forest Ecology and Management (372): 291 - 302.

Ouyang Z, Zheng H, Xiao Y, et al. 2016. Improvements in ecosystem services from investments in natural capital [J]. Science, 352 (6292): 1455 - 1459.

Pierce S, Negreiros D, Cerabolini B E L, et al. 2017. A global method for calculating plant CSR ecological strategies applied across biomes world - wide [J]. Functional Ecology,

31 (2): 444 - 457.

Roberts M R, Hruska A J. Predicting diameter distributions: A test of the stationary Markov model [J]. Canadian Journal of Forest Research - Revue Canadienne De Recherche Forestiere. 1986, 16 (1): 130 - 135.

Ruijs A, Kortelainen M, Wossink A, et al. 2017. Opportunity cost estimation of ecosystem services [J]. Environmental and Resource Economics, 66 (4): 717 - 747.

SAYER MAS, GOELZ JCG, CHAMBERS J L, et al. 2004. Long - term trends in loblolly pine productivity and stand characteristics in response to thinning and fertilization in the West Gulf region [J]. Forest Ecology and Management, 192 (1): 71 - 96.

Sigurdsson B D. 2001. Environmental control of carbon up - take and growth in a Populus trichocarpa in Iceland [D]. Swedish University of Agricultural Sciences, 234 - 265.

Stage A R. An expression for the effect of aspect, slope, and habitat type on tree growth [J]. Forest science. 1976, 22 (4): 457 - 460.

Staudhammer C; LeMay V. 2000. Height prediction equations using diameter and stand density measures [J]. Forestry Chronicle, 76 (2): 303 - 309.

Szwagrzyk J, Gazda A. 2010. Aboveground standing biomass and tree species diversity in natural stands of Central Europe [J]. Journal of Vegetation Science, 18 (4): 555 - 562.

Tanzeel Javaid Aini Farooqi, et al. 2021. Reconciliation of research on forest carbon sequestration and water conservation [J]. Journal of Forestry Research, 32 (1): 7 - 14.

Tessier J T, Ravnal D J, 2003. The Use of nitrogen to phosphorus ratios in plant tissue as an indicator of nutrient limitation and nitrogen saturation [J]. Journal of Applied Ecology, 40 (3): 523 - 534.

Timothy M B, Veronica A M, Francisco C, et al. 2014. Soil enzyme activities, microbial communities, and carbon and nitrogen availability in organic agroeco systems across an intensively- managed agricultural landscape [J]. Soil Biology&Biochemistry (68): 252 - 262.

Turner B L, Brenes - Arguedas T, Condit R, et al., 2018. Pervasive phosphorus limitation of tree species but not communities in tropical forests [J]. Nature, 555 (7696): 367 - 370. 98 - 105.

Wang W, Bai Y, Jiang C, Yang H, Meng J. Development of a linear mixed - effects individual - tree basal area increment model for masson pine in Hunan Province, South - central China [J]. Journal of Sustainable Forestry. 2020, 39 (5): 526 - 541.

Wang W, Chen X, Zeng W, Wang J, Meng J. Development of a Mixed - Effects Individual - Tree Basal Area Increment Model for Oaks (Quercus spp.) Considering Forest Structural Diversity [J]. Forests. 2019, 10 (6): 474.

Watt A S. 1947. Pattern and process in the plant community [J]. Journal of Ecology, 35 (1/2): 1 - 22.

Xu W M, Liu L, He T H, et al. 2016. Soil properties drive a negative correlation between species diversity and genetic diversity in a tropical seasonal rainforest [J]. Scientific reports (6): 1 - 8.

Zhang Xinzhong, et al. 2018. The effects of forest thinning on soil carbon stocks and dynamics: A meta - analysis [J]. Forest Ecology & Management, 429 (1): 36 - 43.

Zhang Y B, Duan B L, Xian J R, et al. 2011. Links between plant diversity, carbon stocks and environmental factors along a successional gradient in a subalpine coniferous forest in Southwest China [J]. Forest Ecology and Management, 262 (3): 361 - 369.